Hahn

Geschäftsprozesse – praxisorientierte Übungen mit einem ERP-Programm

¬ *für das kaufmännische Berufskolleg I*
¬ *für Industriekaufleute*
¬ *für Fachoberschulen*

Hahn

Geschäftsprozesse – praxisorientierte Übungen mit einem ERP-Programm

¬ *für das kaufmännische Berufskolleg I*
¬ *für Industriekaufleute*
¬ *für Fachoberschulen*

Merkur
Verlag Rinteln

Wirtschaftswissenschaftliche Bücherei für Schule und Praxis
Begründet von Handelsschul-Direktor Dipl.-Hdl. Friedrich Hutkap †

Verfasser:

Hans-Jürgen Hahn, Dipl.-Hdl., Balingen

* * * * *

7. Auflage 2016

Gesamtherstellung:
MERKUR VERLAG RINTELN Hutkap GmbH & Co. KG, 31735 Rinteln

E-Mail: info@merkur-verlag.de
lehrer-service@merkur-verlag.de
Internet: www.merkur-verlag.de

ISBN 978-3-8120-**0581-4**

Vorwort

Der Bildungsplan für das Fach „Geschäftsprozesse/Praxisorientierte Übungen" für das Kaufmännische Berufskolleg I des Landes Baden-Württemberg stellt das Prozessdenken, die Verbindung von Theorie und Praxis sowie das Arbeiten mit einer integrierten Unternehmenssoftware in den Mittelpunkt. Das vorliegende Buch möchte dazu beitragen, dass diese Schwerpunktvorgaben des Bildungsplanes, die hohe Anforderungen an Lehrer und Schüler stellen, bewältigt werden können. Die inhaltlichen Vorgaben zu den ERP-Themen im neuen Bildungsplan vom 14.06.2016 entsprechen den Vorgaben des auslaufenden Bildungsplans.

Neben dem BK in Baden-Württemberg eignet sich das Buch für alle Schulformen und Ausbildungsberufe aus dem Bereich Wirtschaft und Verwaltung, die die **Integration einer ERP-Software in den BWL-Unterricht** vorsehen (z.B. Fachoberschulen in Niedersachsen nach den neuen Rahmenrichtlinien für den berufsbezogenen Lernbereich in der Fachoberschule – Wirtschaft und Verwaltung – gültig zum Schuljahr 2014/2015, Industriekaufleute).

Für Ihre Arbeit mit dem Buch möchte ich auf Folgendes hinweisen:

- Neben einem einführenden Geschäftsprozess werden im Weiteren die betrieblichen Kernprozesse „Verkauf", „Einkauf", „Leistungserstellung" sowie der unterstützende Prozess „Personalabrechnung und -verwaltung" praxis- und anwendungsorientiert mit einer integrierten Unternehmenssoftware bearbeitet. Als Software wird jeweils Microsoft Dynamics NAV® eingesetzt.
- In diesem Buch wird an das fachtheoretische Grundlagenwissen, das die Schüler aus den Fächern „Betriebswirtschaft" und „Steuerung und Kontrolle" mitbringen, angeknüpft. Den durchgängigen Geschäftsprozessen sind Fallaufgaben vor- und nachgelagert, die sich für die weitere Anwendung und Vertiefung des Fachwissens eignen.
- Bei den fallorientierten Handlungsszenarien wurde besonderer Wert darauf gelegt, dass diese sich sowohl manuell als auch über die Software lösen lassen bzw. dass sich die Ergebnisse und Lösungen der Software auf manuellem Wege nachvollziehen lassen.
- Die Datenstände zu den einzelnen Geschäftsprozessen bauen in enger Folge so aufeinander auf, dass ein flexibles Arbeiten möglich ist. In jeder Phase der Geschäftsprozessbearbeitung kann den Schülern ein entsprechender Datenstand als Ausgangsplattform zur Verfügung gestellt werden, sodass Aufgabenteile auch übersprungen oder wiederholt werden können.

Ich wünsche Ihnen einen guten Lehr- und Lernerfolg!

Der Verfasser

Inhaltsverzeichnis

1 Grundlagen

1.1 Geschäftsprozesse und ihre informationstechnische Unterstützung

1.1.1 Geschäftsprozesse[1]

(1) Begriff

Betriebe kaufen Waren und Werkstoffe ein, produzieren Güter oder erbringen Dienstleistungen und verkaufen diese an ihre Kunden. Die Erfüllung dieser grob umschriebenen betrieblichen Gesamtaufgabe gliedert sich im Betrieb in eine Vielzahl zusammenhängender und ineinandergreifender Tätigkeiten auf, die man als **Geschäftsprozesse** bezeichnet. So kann z.B. der weit gespannte **Geschäftsprozess „Verkauf von Artikeln an Kunden"** oder kurz: **„Kundenauftragsabwicklung"** wiederum in eine Vielzahl von Unter- bzw. Subprozessen aufgeteilt werden, z.B. Angebotserstellung, Auftragserstellung, Bestellung, Zahlungsabwicklung, Mahnwesen, usw.

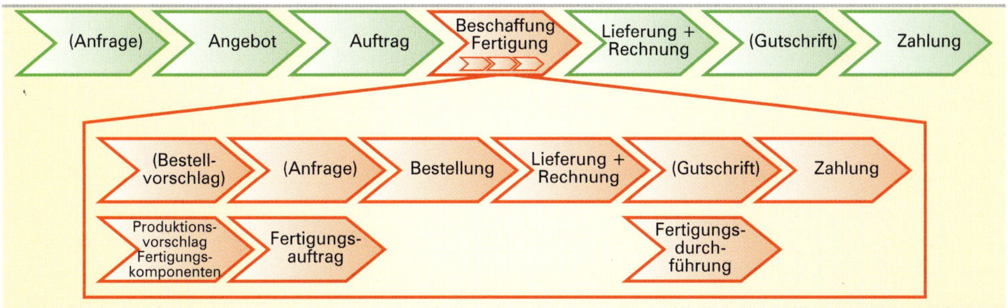

Merke:

Ein **Geschäftsprozess** besteht aus einer bestimmten Abfolge von Tätigkeiten (Funktionen), die zur Erfüllung einer Aufgabe notwendig sind. Ein Unternehmen kann man somit auch als ein System von Geschäftsprozessen bezeichnen.

Von den Mitarbeitern in Unternehmen wird heute eine Geschäftsprozessorientierung verlangt, d.h. in Geschäftsprozessen zu denken und die eigenen Aufgaben und die Tätigkeiten als Element im Gesamtzusammenhang eines Geschäftsprozesses zu sehen. Im Idealfall umfasst das Arbeitsgebiet eines Mitarbeiters oder eines Arbeitsteams einen kompletten (Teil)Geschäftsprozess.

(2) Kernprozesse und Unterstützungsprozesse

Einige Geschäftsprozesse haben im Unternehmen eine hervorgehobene Stellung, da sie in enger Verbindung zum Unternehmenserfolg stehen. Man bezeichnet sie daher als sogenannte **Kernprozesse**. Hierzu gehören:[2]

- Absatzprozess (Verkaufsprozess)
- Beschaffungsprozess (Einkaufsprozess)
- Leistungserstellungsprozess (Fertigungsprozess)

1 Vgl. hierzu z.B. die Ausführungen im Band „Betriebswirtschaft für das kaufmännische Berufskolleg I", Kapitel 2, S. 48ff.

2 Auf den Innovationsprozess wird hier nicht eingegangen.

Kernprozesse

Über diese Prozesse entsteht die betriebliche Hauptleistung (Beschaffung, Herstellung und Verkauf von Waren und Erzeugnissen), die an den Markt (Kunden) abgegeben wird. Diese letztlich direkt auf den Kunden ausgerichteten Prozesse stehen im Mittelpunkt der betrieblichen Wertschöpfung (Ergebniserzielung).

Unterstützende Prozesse

Zu den Unterstützungsprozessen zählen z.B. Personalverwaltung und Lohn-/Gehaltsabrechnung, Kostenrechnung, Buchführung, Mahnwesen, Anlagenbuchhaltung usw. Diese Prozesse sind im Betrieb nicht minderwichtig, jedoch tragen sie nicht unmittelbar zur Ergebniserzielung bei. Sie sind jedoch notwendig, damit die Kernprozesse durchgeführt werden können.

(3) Darstellung von Geschäftsprozessen

Für die Skizzierung des Ablaufes von Geschäftsprozessen bedient man sich in der Regel der grafischen Darstellung in Form von **ereignisgesteuerten Prozessketten (EPK).** Um einen besseren Überblick über die Geschehensabläufe im Unternehmen zu erreichen, kann auf diese Weise relativ einfach der sachlogische und zeitliche Ablauf eines Geschäftsprozesses grafisch beschrieben werden.

Elemente einer ereignisgesteuerten Prozesskette

Ereignisgesteuerte Prozessketten beginnen und enden stets mit einem Ereignis. Ein Ereignis löst eine Funktion (Tätigkeit) aus, mit der angegeben wird, was nach einem Ereignis zu tun ist. Ereignisse und Funktionen wechseln sich somit ständig ab. Mit Verbindungslinien zwischen den Elementen wird der sachlogische Ablauf dargestellt.

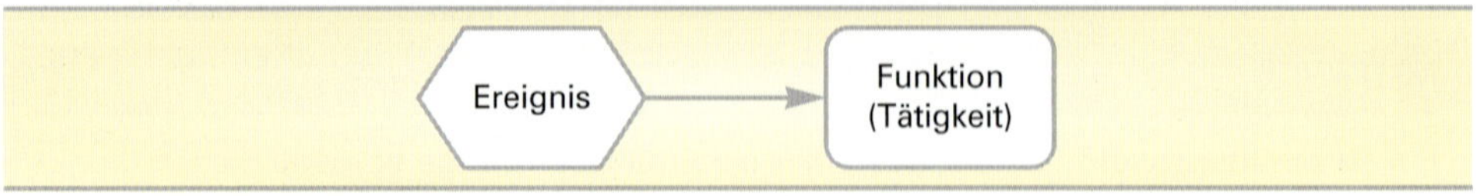

Verknüpfungsoperatoren

Eine ausgeführte Tätigkeit führt wiederum zu einem oder mehreren Ereignissen. Die Verbindung der ausgeführten Tätigkeiten mit möglichen Folgeereignissen wird über sogenannte Verknüpfungsoperatoren hergestellt.

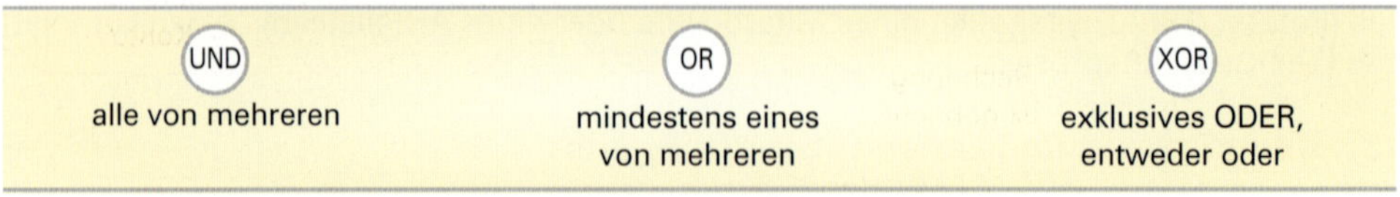

Organisationseinheit und Informationsobjekt

Eine einfache ereignisgesteuerte Prozesskette kann um die Organisationseinheit und die Informationsobjekte erweitert werden.

Die Organisationseinheit gibt an, welche Stelle oder Abteilung im Betrieb die betreffende Funktion ausführt. Organisationseinheiten kann man somit den Funktionen zuordnen. Mit dem Informationsobjekt werden die zur Durchführung der Tätigkeit notwendigen Daten angegeben. Das Informationsobjekt steht nur mit einer Funktion in Verbindung.

Beispiel: Darstellung des Teilprozesses „Lieferantenrechnung prüfen, buchen und zahlen"

Geht von einem Lieferanten eine Eingangsrechnung ein, so wird zunächst die Rechnung von einem Einkaufssachbearbeiter anhand weiterer Unterlagen (Bestellung, Lieferschein) sachlich und rechnerisch geprüft, d.h. es wird festgestellt, ob die Rechnung entweder korrekt ist oder nicht. Ist die Rechnung nicht korrekt, muss sie reklamiert werden. Bei korrekter Rechnung kann diese anschließend gebucht und im Weiteren zur Zahlung freigegeben, weitergeleitet und überwiesen werden.

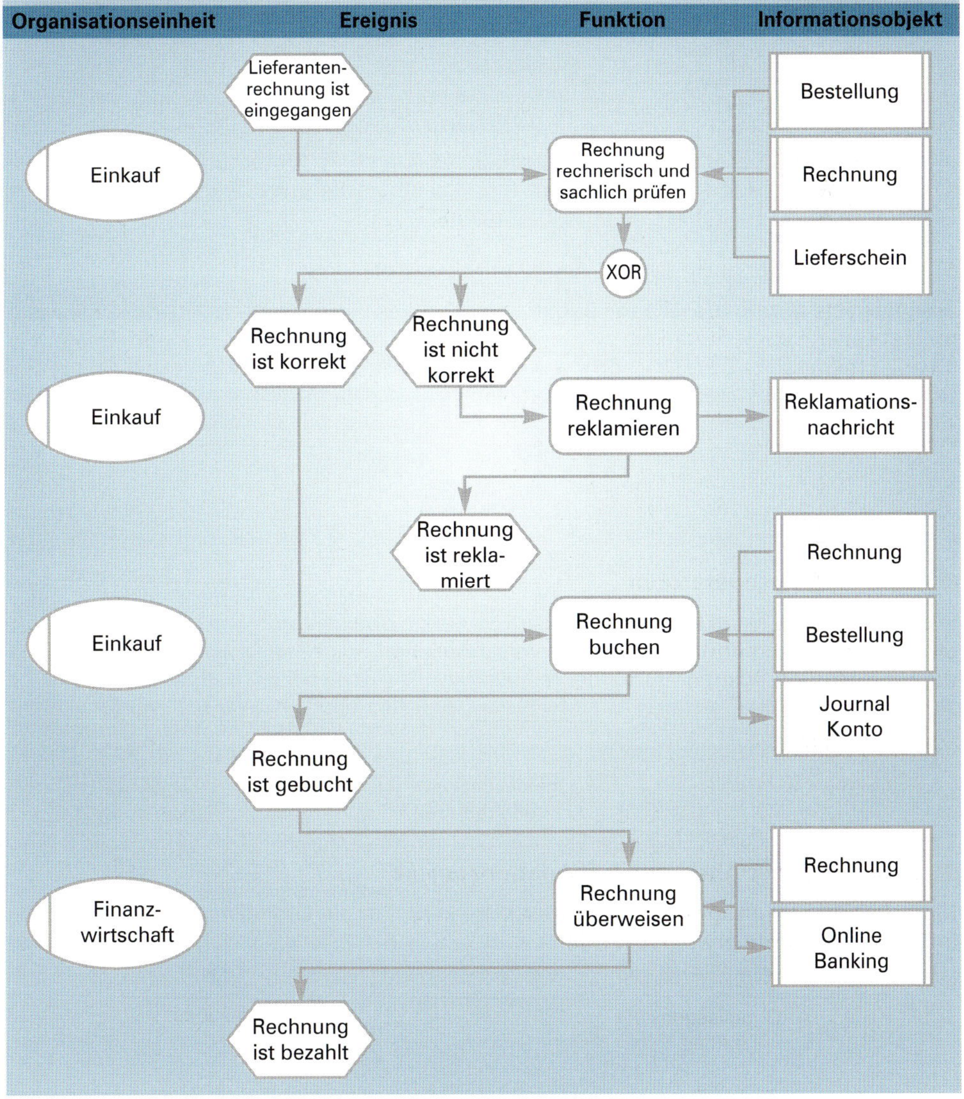

Zusammenfassung

- Die betriebliche Gesamtaufgabe lässt sich in eine Vielzahl von (Teil-)Prozessen aufgliedern.
- Ein Geschäftsprozess besteht aus einer bestimmten Abfolge von Tätigkeiten (Funktionen), die zur Erfüllung einer Aufgabe notwendig sind.
- Hinsichtlich der Bedeutung von Geschäftsprozessen für die betriebliche Ergebniserzielung lassen sich Kernprozesse und unterstützende Prozesse unterscheiden.
- In den Kernprozessen wird die betriebliche Hauptleistung (Wertschöpfung) erzeugt. Unterstützende Prozesse dienen der Aufrechterhaltung der Kernprozesse.
- Um einen besseren Überblick über die Prozessabläufe in einem Unternehmen zu erhalten, ist die Darstellung in Form von ereignisgesteuerten Prozessketten eine zweckmäßige Methode.

Übungsaufgaben

1

1. Beschreiben Sie, was man unter einem Geschäftsprozess versteht!
2. Erläutern Sie, inwiefern zwischen Kernprozessen und unterstützenden Prozessen unterschieden werden kann!
3. Welchem Zweck dienen ereignisgesteuerte Prozessketten?

2

1. (1) Bei der HWR GmbH ist der Teilprozess vom Eingang einer Artikelanfrage bis zur Angebotserstellung wie folgt grob umschrieben:

   Trifft von einem Kunden eine Anfrage ein, so wird zunächst geprüft, ob der nachgefragte Artikel lieferbar ist. Anschließend wird gegebenenfalls geprüft, ob die Daten des Kunden im DV-System schon vorhanden sind. Bei einem Neukunden werden seine Daten erfasst. Weiterhin wird die Bonität des Kunden geprüft, d.h. es wird festgestellt, ob mit dem Angebot das dem Kunden eingeräumte Kreditlimit (Maximalbetrag bis zu dem einem Kunden Ware auf Rechnung geliefert wird) überschritten wird und/oder ob der Kunde aufgrund früherer Warenlieferungen im Zahlungsrückstand ist und noch überfällige offene Posten[1] vorhanden sind. Bei nicht ausreichender Bonität wird an den Kunden ein Angebot mit Lieferung gegen Vorauskasse abgegeben.

   Übertragen Sie die nachfolgende Tabellendarstellung auf Ihr Lösungsblatt und bestimmen Sie durch Ankreuzen, welcher Sachverhalt eine Organisationseinheit (O), ein Ereignis (E), eine Funktion (F), oder ein Informationsobjekt (I) darstellt!

1 Offene Posten: noch nicht beglichene Rechnungen.

Nr.	Sachverhalt	O	E	F	I
1	Bonität ist nicht ausreichend				
2	Kundendaten sind im System vorhanden				
3	Angebot ist übermittelt				
4	Verkaufsteam				
5	Anfrage prüfen				
6	Kundendaten erfassen				
7	Kunde ist über Nichtlieferbarkeit informiert				
8	Bonität überprüfen				
9	Artikelanfrage liegt vor				
10	Daten aus der Kundenkarte				
11	Angebot ist erstellt				
12	Kundendaten prüfen				
13	Inhalt der eingegangenen Anfrage				
14	Angebot mit Lieferung gegen Vorauskasse erstellen				
15	Artikel ist lieferbar				
16	Kunde über Nichtlieferbarkeit informieren				
17	Kundendaten sind im System nicht vorhanden				
18	Daten aus der Artikelkarte				
19	Angebot mit Lieferung ohne Vorauskasse erstellen				
20	Angebot an den Kunden übermitteln				
21	Nachricht über Nichtlieferbarkeit				
22	Bonität ist ausreichend				
23	Artikel ist nicht lieferbar				
24	Kundendaten sind erfasst				
25	Kontostand des Kundenkontos				
26	Artikeldatei				
27	Angebotsdokument				

(2) Erstellen Sie die ereignisgesteuerte Prozesskette zu obigem Sachverhalt, indem Sie die nachfolgende Lösungsstruktur auf Ihr Blatt übernehmen und die jeweilige Nummer der Sachverhalte in der sachlogischen Reihenfolge in die EPK-Struktur eintragen und den entsprechenden Verknüpfungsoperator einfügen!

Hinweis: Mehrfach vorkommende Organisationseinheiten oder Informationsobjekte sind in der obigen Liste nur einmal aufgeführt.

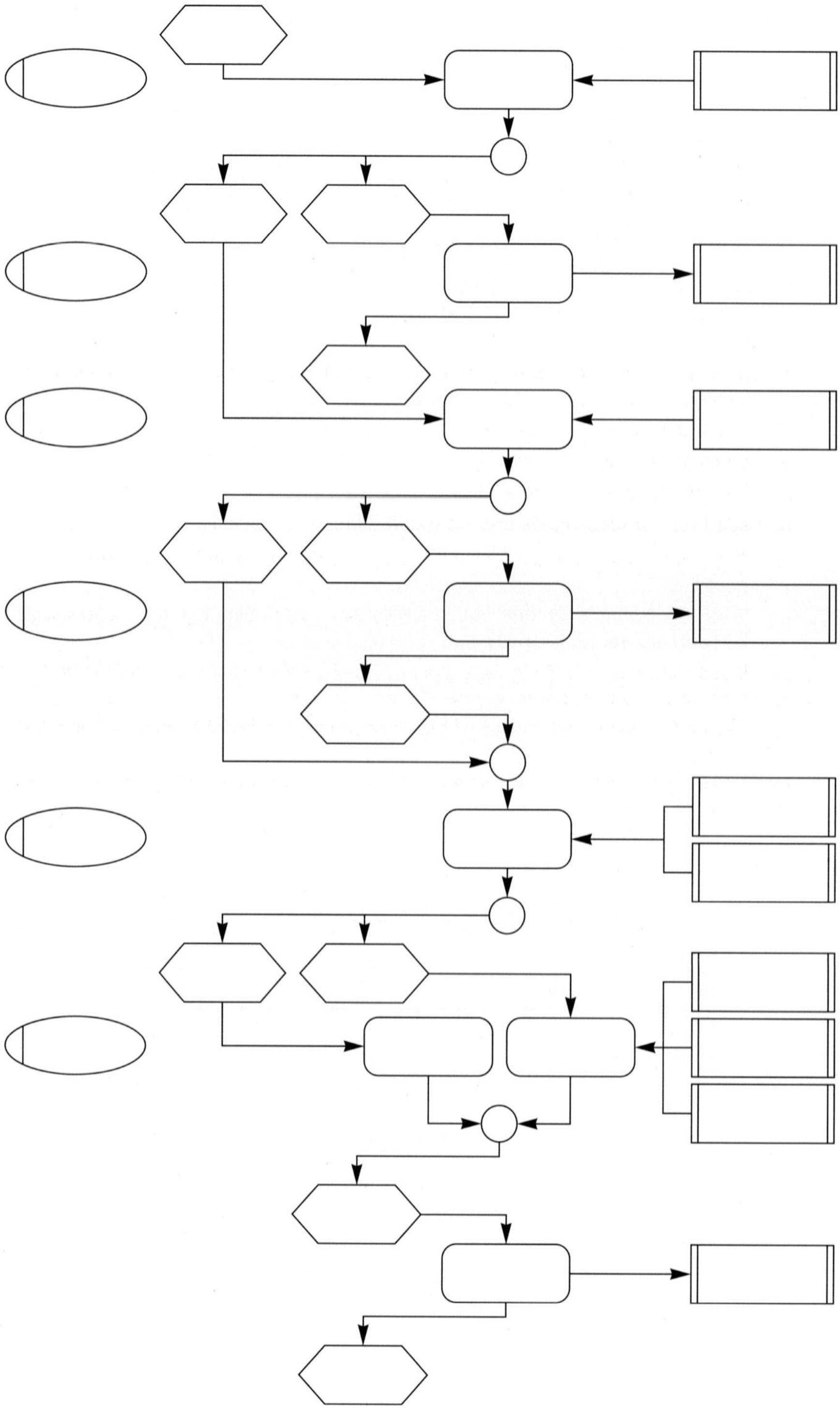

2. Bei der HWR GmbH, die u.a. auch Schubkarren herstellt, ist ein Kundenauftrag über 200 Stück eingegangen. Zur Abwicklung des Kundenauftrages müssen eine Reihe von Aufgaben (Tätigkeiten, Funktionen) effizient erledigt werden. Nachfolgend sind die anfallenden Tätigkeiten als noch unstrukturierter Prozessablauf aufgeführt:

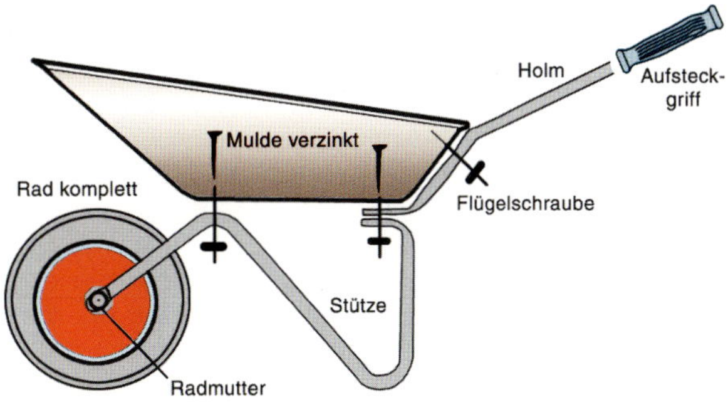

- Bestellungen für Fremdbezugsmaterial und Fertigungsaufträge für Eigenfertigungsteile erstellen.
- Schubkarren ausliefern und Rechnung und Lieferschein erstellen
- Schubkarrenfertigung durchführen
- Verfügbarer Lagerbestand an Schubkarren feststellen
- Bedarf für fremdbezogene und eigengefertigte Teile feststellen.

(1) Bringen Sie die oben aufgeführten Tätigkeiten (Funktionen) in eine sachlogische Reihenfolge!

(2) Welche Informationen (Informationsobjekte) werden benötigt, um die jeweilige Tätigkeit durchführen zu können?

(3) Beschreiben Sie die Ereignisse, die jeweils eingetreten sein müssen, bevor die betreffende Funktion begonnen werden kann!

(4) Stellen Sie den Geschäftsprozess in einer ereignisgesteuerten Prozesskette dar!

3. Begründen Sie, welcher logische Operator in nachfolgendem Teilprozess eingebaut werden müsste!

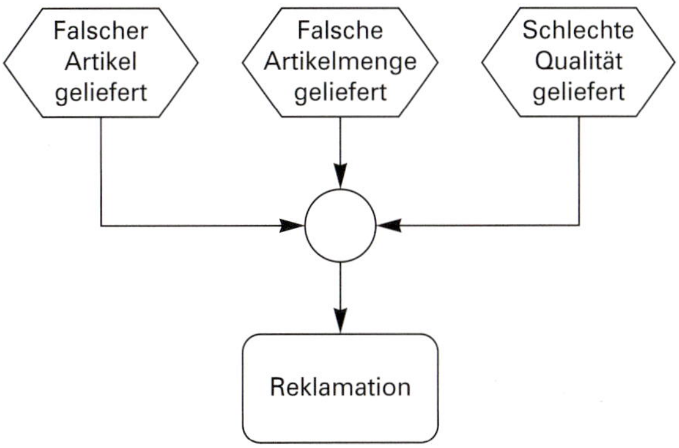

1.1.2 Informationstechnische Unterstützung der Geschäftsprozesse

Schnelle, aktuelle und durchgängige Informationen, die Transparenz und kurze Reaktionszeiten in allen Unternehmensbereichen gewährleisten, sind heutzutage notwendige Voraussetzung für den Unternehmenserfolg. Ein computergestütztes betriebliches Informations- bzw. Softwaresystem, das die Mitarbeiter dabei unterstützt, die anfallenden Aufgaben im Rahmen der Betriebsabläufe (Geschäftsprozesse) zu planen, zu steuern, zu kontrollieren und vielfach zu automatisieren sowie die Ergebnisse zu dokumentieren, ist daher eine zwingende Voraussetzung. Aus diesem Grund ist auch eine zunehmende intensive Durchdringung der Arbeitswelt mit Informationstechnologien seit etlichen Jahren zu beobachten.

Eine zentrale Rolle beim Einsatz von Informationstechnologie in Betrieben nimmt die betriebswirtschaftliche Standardsoftware ein, die bei der Abwicklung vieler ähnlich gelagerter Geschäftsprozesse in vielen Unternehmen eingesetzt werden kann.

Zukunftsweisende betriebswirtschaftliche Standardsoftwaresysteme zur informationstechnischen Unterstützung von Geschäftsprozessen tendieren immer mehr zur vollständigen Unterstützung aller betrieblichen Abläufe. Sie orientieren sich folgerichtig an standardisierten betrieblichen Abläufen, die sich quer durch die traditionellen betrieblichen Organisationsbereiche wie Beschaffung, Produktion, Absatz, Rechnungswesen usw. durchziehen (Funktionsintegration[1]). Weitere wichtige Eigenschaften von Standardsoftware sind neben der Prozessorientierung die Datenintegration, d. h. dass die Datenversorgung und der Informationsfluss auf einer zentralen unternehmensweiten Datenbank basieren sowie die erhebliche Automatisierung der Prozessabläufe. Die Integration bezieht sich zwischenzeitlich nicht nur auf die unternehmensinternen Geschäftsprozesse, sondern zunehmend auch auf Unternehmensgrenzen überschreitende Geschäftsprozesse, um auch den Datenaustausch und Informationsfluss mit den Geschäftspartnern reibungslos gestalten zu können. Solche modular[2] aufgebauten, unternehmensweite und -übergreifende Komplettlösungen werden gemeinhin auch als ERP[3]-Systeme oder als integrierte Unternehmenssoftware bezeichnet.

Übungsaufgabe

3 Beschreiben Sie wesentliche Vorteile, die eine Funktions- und Datenintegration für die Geschäftsprozessabwicklung im Unternehmen bringen!

1 Integration: Verknüpfung einzelner Dinge; Funktionsintegration: Zusammenfassung arbeitsteiliger Vorgänge

2 Modular: ein aus standardisierten Einzelbauteilen zusammengesetztes Gesamtsystem

3 ERP: Enterprise Resource Planning; namhafte ERP-Systeme sind SAP R/3 im Bereich von Großunternehmen und Microsoft Dynamics NAV® (Navision) im Bereich mittelständischer Unternehmen.

1.2 Integrierte Unternehmenssoftware

1.2.1 Datenbanksystem

(1) Begriff Datenbanksystem

Integrierte Unternehmenssoftwaresysteme bzw. ERP-Systeme sind als Datenbanksysteme konzipiert. Ein Datenbanksystem (DBS) ist ein System zur elektronischen Verwaltung von Daten und somit ein wichtiges Instrument der betrieblichen Informationswirtschaft. Die Hauptaufgabe eines DBS ist es, große Datenmengen rationell und dauerhaft zu speichern und von Fall zu Fall die erforderlichen Daten in geeigneter Form für den Benutzer bereitzustellen.

Ein DBS besteht aus zwei Komponenten: dem **Datenbankverwaltungsprogramm**[1] und der Menge des zu verwaltenden Datenbestandes, der eigentlichen **Datenbank**. Beide Komponenten bilden jedoch eine Einheit, weil der Benutzer beide stets gemeinsam benutzt.

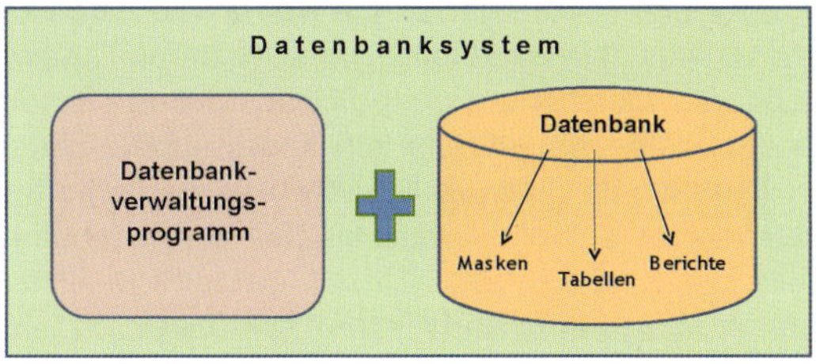

Das Datenbankverwaltungsprogramm sorgt für die strukturierte Speicherung der Daten und steuert die Zugriffe auf die Datenbank, wenn Daten gelesen oder in die Datenbank geschrieben werden. Innerhalb der Datenbank kann man als Datenbankobjektarten **Tabellen, Masken** und **Berichte** als wesentliche Bausteine unterscheiden.

(2) Tabellen (Tables)

Die gespeicherten Daten werden in der Datenbank in Form von Tabellen abgelegt. So werden z. B. die Daten zu den Artikeln des Betriebes in einer Artikeltabelle und die Daten der Artikellieferanten in einer Kreditorentabelle[2] gespeichert. Die nachfolgende Abbildung zeigt beispielhaft einen Ausschnitt aus beiden Tabellen.

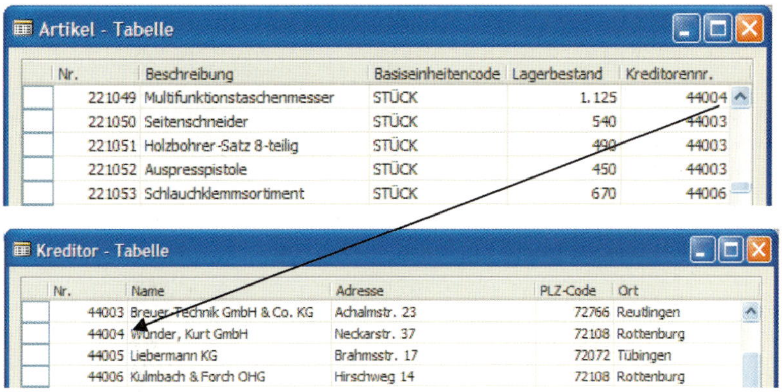

Artikel - Tabelle

Nr.	Beschreibung	Basiseinheitencode	Lagerbestand	Kreditorennr.
221049	Multifunktionstaschenmesser	STÜCK	1.125	44004
221050	Seitenschneider	STÜCK	540	44003
221051	Holzbohrer-Satz 8-teilig	STÜCK	490	44003
221052	Auspresspistole	STÜCK	450	44003
221053	Schlauchklemmsortiment	STÜCK	670	44006

Kreditor - Tabelle

Nr.	Name	Adresse	PLZ-Code	Ort
44003	Breuer-Technik GmbH & Co. KG	Achalmstr. 23	72766	Reutlingen
44004	Wunder, Kurt GmbH	Neckarstr. 37	72108	Rottenburg
44005	Liebermann KG	Brahmsstr. 17	72072	Tübingen
44006	Kulmbach & Forch OHG	Hirschweg 14	72108	Rottenburg

1 Ein Datenbankverwaltungsprogramm wird auch als Datenbankmanagementsystem (DBMS) bezeichnet.

2 Kreditor: Gläubiger, Lieferant.

2 Hahn ISBN 978-3-8120-0581-4

Die Tabellen stehen in der Datenbank nicht isoliert nebeneinander, sondern es besteht eine Beziehung zwischen den Tabellen. Die Beziehung zwischen den beiden Tabellen ist über die Kreditorennummer hergestellt. In der Artikeltabelle ist nur die Nummer des Lieferanten enthalten. Die weiteren Detailinformationen zum Lieferanten sind in der Kreditorentabelle hinterlegt. Die Kreditorennummer bildet somit das Schlüsselfeld bzw. die Brücke zwischen beiden Tabellen. Datenbanken, in denen die Beziehung zwischen einzelnen Tabellen über solche Schlüsselfelder hergestellt wird, bezeichnet man als **relationale Datenbanken.**

Die **Aufteilung einer relationalen Datenbank** in mehrere Tabellen bringt etliche **Vorteile:**

- Vermeidung von Datenredundanz[1]
- Speicherplatzersparnis
- Fehlerhafte und unterschiedliche Eingabe bei mehrfacher Eingabe gleicher Informationen wird vermieden.

Wie aus den Tabellenabbildungen von S. 17 zu sehen ist, besteht eine **Tabelle** aus **Zeilen** und **Spalten.** Die Spaltenüberschriften geben die Merkmale (Attribute) an, mit denen z.B. ein Artikel oder Lieferant näher gekennzeichnet wird. In jeder Tabellenzeile wird somit der Datensatz eines Artikels oder Lieferanten gespeichert. Um die Eindeutigkeit eines Datensatzes zu gewährleisten, muss es jeweils ein eindeutiges Unterscheidungsmerkmal geben. In den vorigen Tabellen ist dies die Artikel- bzw. die Kreditorennummer. Die gleiche Artikelnummer darf somit beispielsweise in der Artikeltabelle kein zweites Mal an einen weiteren Artikel vergeben werden. Dieses eindeutige Unterscheidungsmerkmal eines Datensatzes bezeichnet man auch als **Primärschlüssel.**

(3) Masken (Forms)

Datensätze in Tabellen mit vielen Spalten sind sehr schnell unübersichtlich. Masken (Formulare) bieten die Möglichkeit, die gleichen Daten auf optisch ansprechende Weise in den Tabellen zu erfassen und zu ändern. Bei vielen Masken wird die Darstellung der Daten in Form der althergebrachten Karteikarte bevorzugt. Die Abbildung zeigt beispielhaft die einer Artikelkarte, die in sich zur weiteren Verbesserung der Übersichtlichkeit in mehrere Register (Allgemein, Fakturierung, Beschaffung, Planung, Außenhandel) mit jeweils zusammengehörigen Daten unterteilt ist.

(4) Berichte (Reports)

Für die Ausgabe von Daten z.B. über Drucker eignen sich Formulare nicht. Zu diesem Zweck sind Berichte besser geeignet, insbesondere wenn die Berichte mehrere Seiten umfassen. Im Gegensatz zu Formularen lassen sich in Berichten keine Daten bearbeiten. Für die Ausgabe eines Berichtes wird eine Datenquelle benötigt. Die Datenquelle sind eine

1 Redundanz: Mehrfachspeicherung ein und derselben Information.

oder mehrere Tabellen, aus denen ein Bericht seine Daten bezieht. Die nachfolgende Abbildung zeigt beispielhaft den Bericht „Artikel – Top 10 Liste“.

Artikel - Top 10 Liste
Periode:
HWR GmbH

Sortiert nach maximum Verkauf EUR

Rang	Nr.	Beschreibung	Verkauf EUR	Verkauf Menge	Lager Bestand	Anteil von Verkauf EUR
1	221043	Schraubstock	42.415,00	850,00	750	***
2	221078	Schlagbohrmaschine	15.345,00	110,00	115	****************
3	221076	Akku-Bohrschrauber	15.097,50	275,00	325	****************
4	221075	Elektro-Heckenschere	11.445,00	105,00	110	************
5	221018	Schraubendreher-Set 4-teilig	8.097,50	1.025,00	850	*********
6	221038	Lochsäge	3.920,00	800,00	740	****
7	221035	Gummihammer 230 g	3.906,25	625,00	525	****
8	221015	Flachzange	3.864,00	560,00	815	****
9	221117	Schwingschleifer	2.796,00	40,00	38	***
10	221046	Vorhängeschloss	2.437,50	750,00	1.450	***
		Gesamt	109.323,75			
		Total Verkauf	116.712,75			
		% von Total Verkauf	93,70			

1.2.2 Datenbankanwendungen

Neben den **betrieblichen Daten** sind auch die eigentlichen **Anwendungsprogramme (Applikationen)** zur Abwicklung der verschiedenen Prozessabläufe selbst in der Datenbank der integrierten Unternehmenssoftware gespeichert.

Die Applikationen innerhalb der integrierten Unternehmenssoftware (ERP-System) sind in einzelne funktionale Module, die nahezu alle Geschäftsprozesse abbilden, gegliedert.

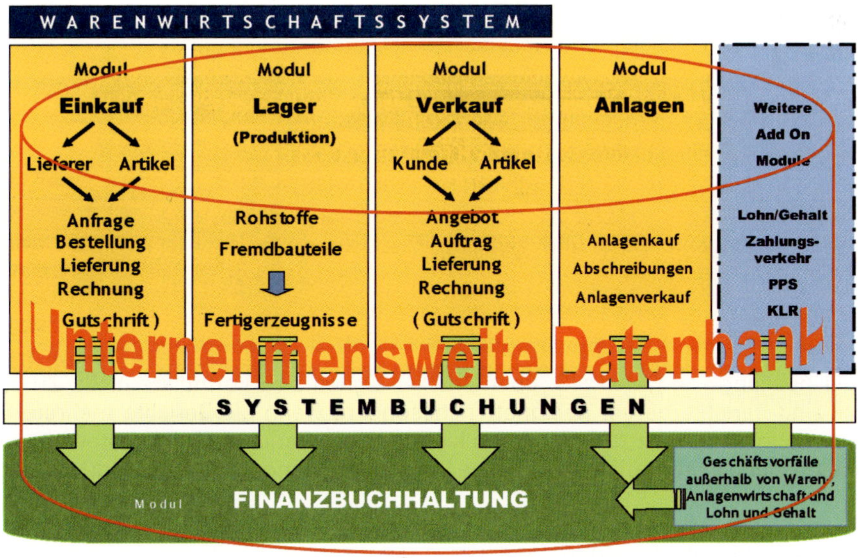

Typische **Funktionsbereiche einer ERP-Software** sind

- **Warenwirtschaft** (Beschaffung, Lagerhaltung, Produktion, Verkauf),
- **Anlagenwirtschaft,**
- **Personalwirtschaft** und
- das **Finanz- und Rechnungswesen.**

Die Art und Größe des Unternehmens bestimmt jedoch den Bedarf an den oben aufgeführten Funktionsbereichen der Software.

Untereinander sind die Module datentechnisch verbunden (integriert), da sie auf einer unternehmensweiten Datenbank basieren. Dadurch wird auch vermieden, dass die einzelnen Module jeweils eine undurchlässige „Dateninsel“ darstellen.

Die einzelnen Module bzw. Funktionsbereiche orientieren sich in ihrem Menüaufbau an betrieblichen Prozessabläufen. Die mengen- und wertmäßigen Buchungen, die sich im Rahmen der Prozessabläufe ergeben, werden automatisiert über sogenannte Systembuchungen in der Finanzbuchhaltung und im warenwirtschaftlichen Bereich (Warenwirtschaftssystem) erzeugt. Nur noch wenige Buchungen außerhalb der Kernprozesse werden klassisch, manuell in der Finanzbuchhaltung über ein Buchungsblatt in das System eingebucht.

Die Abbildung zeigt das Hauptmenü (Benutzeroberfläche) des im Bereich mittelständischer Unternehmen führenden ERP-Systems Microsoft Dynamics NAV®. Bedienerfreundlichkeit und eine optische Ausrichtung an Microsoft Standards ermöglichen einen weitgehend intuitiven Umgang mit dem System.

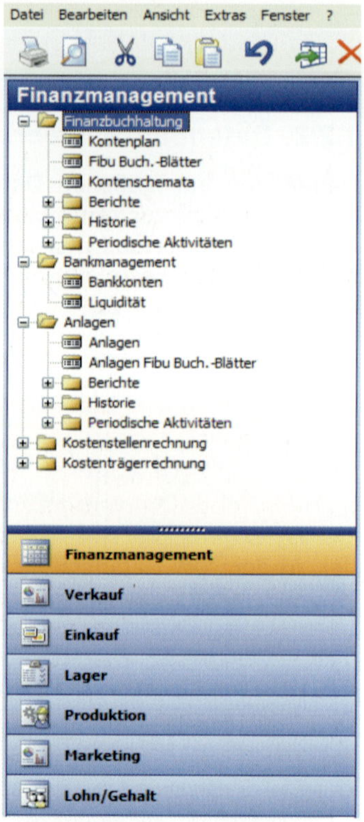

Auch mittelständische und kleinere Unternehmen setzen aufgrund der mit dem Einsatz von ERP-Systemen verbundenen Rationalisierungs-, Kosten- und Wettbewerbsvorteile verstärkt solche Softwarelösungen ein.

Die **Vorteile von ERP-Systemen** liegen auf der Hand:

- effizientere Koordination und Steuerung der betrieblichen Geschäftsprozesse,
- alle Mitarbeiter in allen Bereichen des Unternehmens arbeiten mit einer gemeinsamen, zentralen Datenbasis mit stets aktuellen Daten,
- früheres Erkennen von und Reagieren auf Problemsituationen,
- bessere mengenmäßige und zeitliche Disposition des Materialbedarfes.

Bereichsübergreifend kann in verschiedenen, miteinander integrierten Modulen ein Geschäftsprozess (z.B. Kundenauftragsabwicklung), der sich in weitere Teilprozesse aufgliedert, bearbeitet werden.

Übungsaufgabe

4 1. (1) Grenzen Sie Datenbank und Datenbanksystem begrifflich voneinander ab!
   (2) Welche Aufgabe hat ein Datenbankverwaltungsprogramm im Rahmen eines Datenbanksystems?
   (3) In welche wesentlichen Datenbankobjektarten lässt sich eine Datenbank aufteilen?
   (4) Welche Funktion erfüllen die einzelnen Datenbankobjekte innerhalb der Datenbank?
   (5) Was versteht man in einer Datenbanktabelle unter einem Schlüsselfeld?
   (6) Erläutern Sie die Begriffe Datensatz und Attribut!
   (7) Welchen Zweck erfüllt ein Primärschlüssel in einer Datentabelle?
   (8) Was versteht man unter einer relationalen Datenbank?
   (9) Welche Vorteile hat das Konzept einer relationalen Datenbank?
   (10) Erläutern Sie den Inhalt des dargestellten Berichtes „Artikel – Top 10 Liste"!

2. Erläutern Sie wesentliche Merkmale, die eine integrierte Unternehmenssoftware kennzeichnen!

1.2.3 Einrichtung und Handhabung der integrierten Unternehmenssoftware Microsoft Dynamics NAV®

(1) Installation

Sofern Sie die integrierte Unternehmenssoftware in der Schule einsetzen, wird die Software vom Netzwerkadministrator bereits im Schulnetz installiert sein. Für eine Installation auf der lokalen Festplatte eines häuslichen Computers benötigen Sie das Datenbanksystem (Programm und Datenbank) sowie eine (Einzelplatz-)Lizenz.[1]

(2) Datensicherung importieren

Soll zu Beginn einer Arbeitssitzung ein bestimmter Datenstand (Mandant)[2] in die Datenbank des Programms importiert werden, so ist in der Menüleiste über *Extras / Datensicherung importieren* der Pfad zum Ordner, in dem die Datenstände hinterlegt sind, anzuwählen. Mit einem Doppelklick auf den entsprechenden Datenstand (oder Datenstand markieren und Schaltfläche *Öffnen*) wird der Mandant im Import-Fenster angezeigt. Mit Klick auf die Schaltfläche *OK* werden die Daten des ausgewählten Mandanten in die Datenbank eingelesen.

1 Das Programmpaket können Sie sich durch Download vom Landesinstitut für Schulentwicklung, Stuttgart, über nachfolgenden Link besorgen: http://www.ls-bw.de/dienstleistungen/beruflschulen/umat/kfm/navision.
Neben dem Programm darf auch die Einzelplatzlizenz für unterrichtsbezogene Übungszwecke an die Schüler ausgehändigt werden, jedoch muss vorab vom Schüler eine Nutzungsvereinbarung unterschrieben werden. Diese Nutzungsvereinbarung dient zum Schutz gegen Missbrauch und verbleibt an der Schule. Das Formular für die Nutzungsvereinbarung kann ebenfalls unter obigem Link im Register *Allgemein* heruntergeladen werden. Damit die Installation ordnungsgemäß abläuft, sollten die Installationsschritte in der Anleitung genau eingehalten werden.

2 In diesem Begriffszusammenhang versteht man unter einem Mandanten den Datenkranz eines Unternehmens.

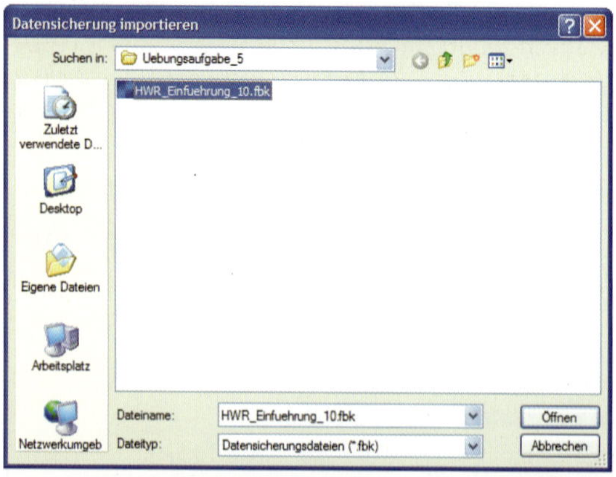

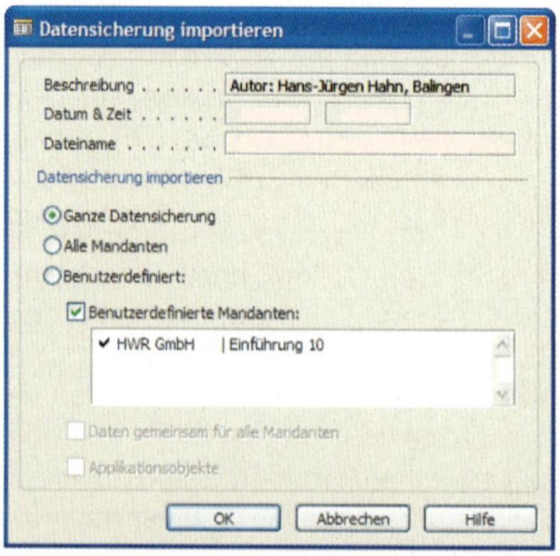

In der Datenbank können gleichzeitig die Daten mehrerer Mandanten gehalten werden. Daher ist im nächsten Schritt der entsprechende Mandant zu öffnen. In der Menüleiste ist über *Datei / Mandant / Öffnen* aus der angezeigten Liste der jeweilige Mandant mit einem Doppelklick (oder Mandant markieren und Schaltfläche *OK*) zu aktivieren. Anschließend befindet man sich im Hauptmenü des Programms und in der Kopfleiste des Bildschirms wird der Mandantenname angezeigt.

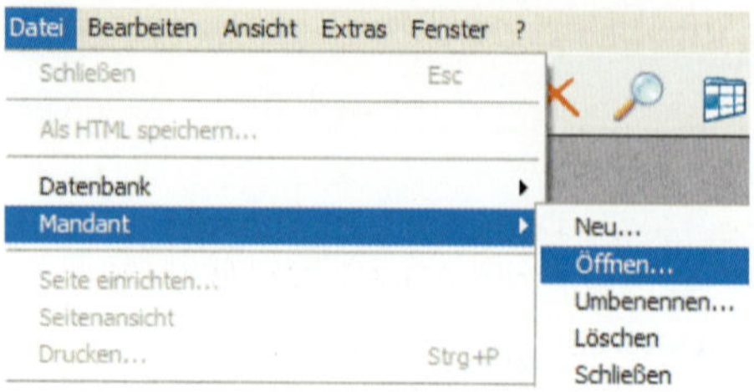

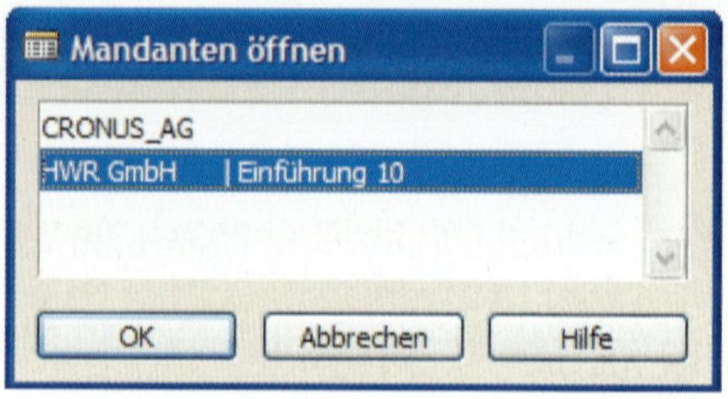

(3) Datensicherung erstellen

Soll am Ende einer Arbeitssitzung ein Datenstand für eine spätere Arbeitsfortsetzung gesichert werden, so ist in der Menüleiste über *Extras / Datensicherung erstellen* vorzugehen.

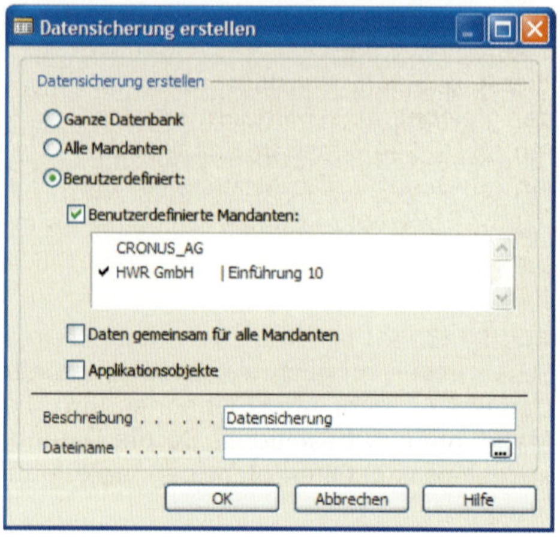

Es wird das Fenster mit den in der Datenbank befindlichen Mandanten angezeigt. Benutzerdefiniert ist der zu sichernde Mandant durch einen Klick mit einem Häkchen zu versehen (keine Häkchen setzen bei *Daten gemeinsam für alle Mandanten* und bei *Applikationsobjekte*). Im unteren Teil des Fensters kann im Feld *Beschreibung* eine Kurzbemerkung zum Datenstand angegeben werden. Im Feld *Dateiname* ist über den Assist-Button (Dreipunkte-Symbol) das Folgefenster *Datensicherung erstellen* zu öffnen.

Nun ist der Ordner anzuwählen, in dem der Datenstand gespeichert werden soll. Weiterhin ist der Datenstand mit einem Dateinamen zu versehen. Über Schaltfläche *Speichern* gelangt man zurück ins obige Fenster. Im Feld *Dateiname* ist nun der Pfad des Ordners zu sehen, in dem sich der Datenstand nach der Speicherung befindet. Mit *OK* wird der Speicherungsvorgang gestartet.

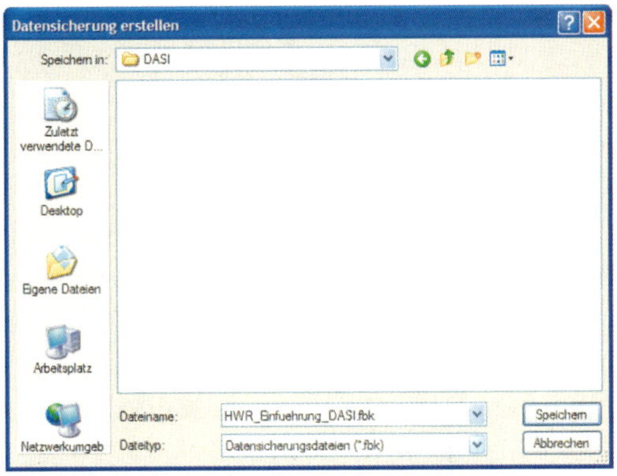

(4) Mandant löschen

Möchte man den gleichnamigen Mandanten erneut in die Datenbank importieren, um z.B. wieder den Ausgangsdatenstand zu laden, so bringt das System folgende Meldung:

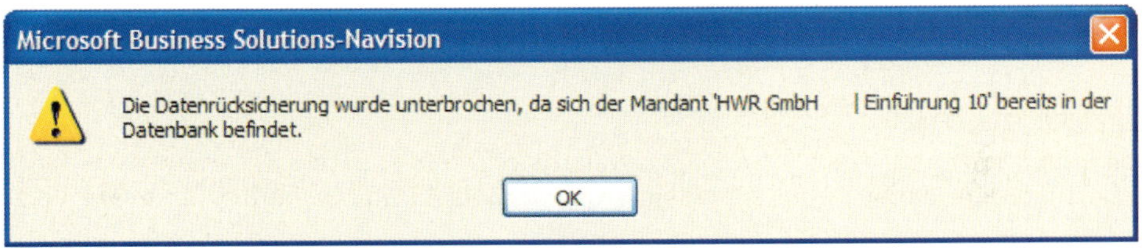

In diesem Fall muss der bereits in der Datenbank befindliche Mandant zuerst gelöscht werden, damit sich der gleichnamige Mandant importieren lässt. Das Löschen des Mandanten geschieht in der Menüleiste über *Datei / Mandant / Löschen*.

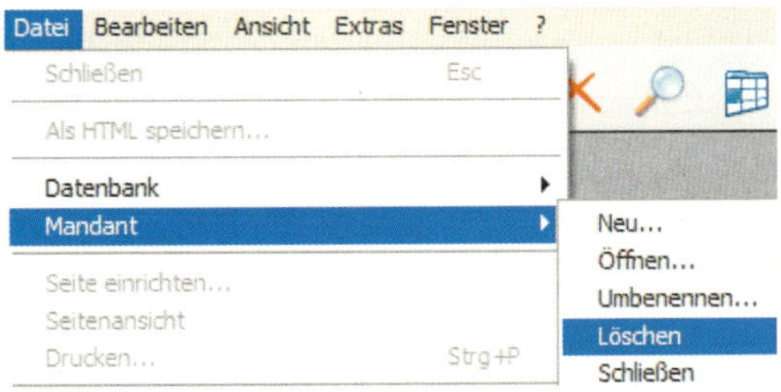

Anschließend ist die Datenrücksicherung (Import der Datensicherung), wie zuvor beschrieben, möglich. Alternativ bestünde auch die Möglichkeit, den Mandanten in der Datenbank zuvor umzubenennen, um die Gleichnamigkeit mit dem zu importierenden Mandanten zu beseitigen. Da die Datenbank auf ein begrenztes Speicherungsvolumen ausgelegt ist, sollten nicht benötigte Mandanten in der Datenbank vorsorglich gelöscht werden.

Übungsaufgabe

5 1. Importieren Sie den Mandanten „HWR_Einfuehrung_10"!

2. Löschen Sie den Mandanten CRONUS AG!

3. Nachdem Sie im Mandanten „HWR_Einfuehrung_10" einige Prozessabläufe abgewickelt sowie Daten verändert haben, möchten Sie den ursprünglichen Mandanten wieder in die Datenbank importieren. Wie ist vorzugehen?

1.3 Einführung in das Modellunternehmen und in die integrierte Unternehmenssoftware

1.3.1 Überblick über das Modellunternehmen und Einstieg in das ERP-System

(1) Modellunternehmen

Die HWR GmbH ist ein Handels- und Endmontagebetrieb für Artikel aus dem Bereich **H**obby, **W**erken und **R**enovieren. Neben dem Handel mit den entsprechenden Artikeln sowie der Endmontage speziell eingekaufter Einzelkomponenten werden einzelne Teile auch in eigener Fertigung hergestellt.

Es gibt immer was zu tun...
HWR GmbH
Hobby Werken Renovieren
Wir machen Sie zu Profis!

(2) ERP-System

Aufbauend auf den betriebswirtschaftlichen Kenntnissen sollen im Folgenden exemplarische Geschäftsprozesse im Modellunternehmen HWR GmbH mit Unterstützung des ERP-Systems Microsoft Dynamics NAV® praktisch umgesetzt werden.

Die beispielhaft zu bearbeitenden Geschäftsprozesse laufen bei jeder ERP-Software vergleichbar ab, auch wenn sich im Masken- und Menüaufbau Unterschiede ergeben. Bedienerfreundlichkeit und eine optische Ausrichtung an Microsoft Standards ermöglichen einen weitgehend intuitiven Umgang mit dem hier verwendeten ERP-System.

(3) Programmnavigation

In der Symbolleiste des Programms befinden sich häufig gebrauchte Funktionen aus den Menüs der Menüleiste. Legt man den Mauszeiger auf die Symbole, so wird der Funktionsbegriff des Symbols eingeblendet. Eine Reihe von Symbolen aus der Symbolleiste ist bereits aus anderen Windows-Anwendungen bekannt. Die für die folgende Arbeit wesentlichen Symbole werden nachfolgend kurz erläutert:

Mit diesen Symbolen kann z. B. bei den Kunden, Lieferanten, Artikeln, Mitarbeitern, Anlagen usw. in den jeweiligen Karten (Datensätzen) navigiert, d. h. vorwärts und rückwärts geblättert bzw. eine Gesamtübersicht aller Datensätze angezeigt werden. Legt man den Mauszeiger auf das jeweilige Symbol, so wird die Funktion des Symbols angezeigt.

Aus der Gesamtheit der Datensätze (z. B. Kunden, Lieferanten usw.) werden über diese Symbole je nach Filtersetzung nur Datensätze nach bestimmten Kriterien angezeigt.

Befindet man sich z. B. in einer Artikelkarte oder in der Artikelübersicht, so kann über diese Suchfunktion ein Artikel beispielsweise über Artikelnummer oder Artikelbezeichnung ausfindig gemacht werden. Bevor die Suchfunktion gestartet wird, muss der Cursor in das entsprechende Datenfeld (Artikelnummer oder Artikelbezeichnung) gestellt werden. Für andere Suchvorgänge bei Kunden, Lieferanten usw. gilt dies analog.

Über diese Symbole lassen sich neue Datensätze bei Konten, Kunden, Lieferanten, Artikeln, Anlagen, Mitarbeitern einfügen bzw. wieder löschen.

Um einen ersten Überblick über das Modellunternehmen HWR GmbH und die eingesetzte Software zu bekommen, sollen Sie zum Einstieg zunächst eine Reihe relevanter Geschäftsdaten beschaffen.

Übungsaufgabe

6 Stellen Sie fest bzw. ermitteln Sie:

1. **bei den Buchführungskonten**

- welches Bankguthaben vorhanden ist.
- welchen Betrag an Zahlungseingängen die HWR GmbH von Kunden noch zu erwarten hat.
- welchen Betrag an Zahlungsverpflichtungen das Unternehmen momentan gegenüber Lieferanten hat.

2. **bei den Bankkonten**

- bei welchen Banken die HWR GmbH ein Konto hat.
- wie hoch das eingeräumte Kreditlimit auf den Bankkonten ist.

3. **bei den Kunden**

- wo der Kunde (Debitor) Bauland AG den Geschäftssitz hat.
- welchen Betrag die HWR GmbH von diesem Kunden noch zu bekommen hat.
- welche Zahlungsbedingung die HWR GmbH diesem Kunden einräumt.

4. **bei den Lieferanten**

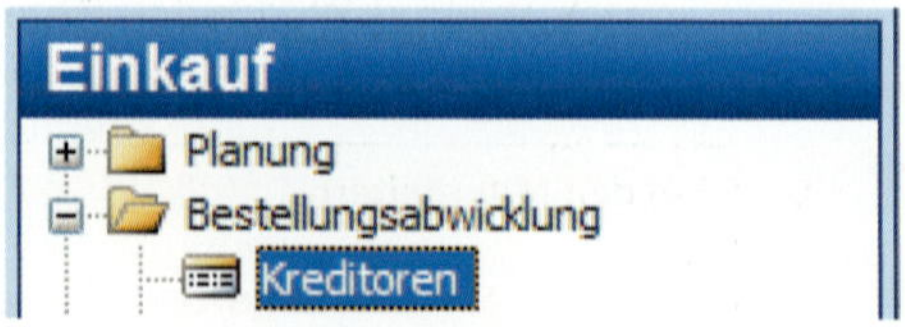

- wo der Lieferant (Kreditor) Breuer-Technik GmbH & Co. KG den Geschäftssitz hat.
- welchen Betrag die HWR GmbH an diesen Lieferanten noch zu zahlen hat.
- welche Zahlungsbedingung dieser Lieferant der HWR GmbH einräumt.

5. **im Lager**

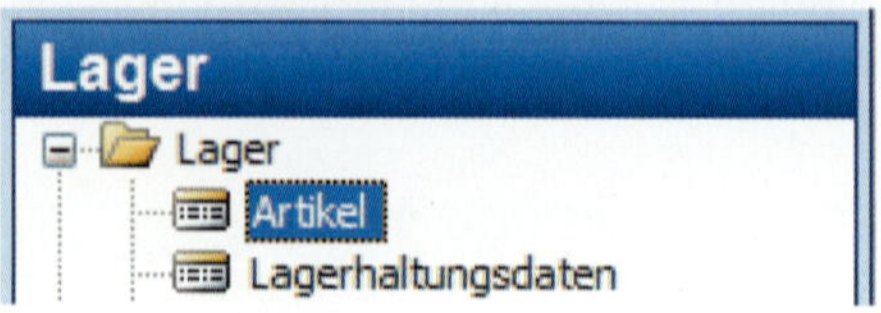

- was der Artikel „Schlagbohrmaschine" für eine Artikelnummer hat.
- wie der Artikel „Schlagbohrmaschine" aussieht (Bild).
- welche Lagerbestandsmenge vom Artikel Nr. 221116 vorrätig ist.
- wie hoch der Einstandspreis einer „Handkreissäge" ist.
- wie hoch der Verkaufspreis eines „Gummihammers 230 g" ist.
- von welchem Lieferanten der „Gabelschlüsselsatz 6-teilig" standardmäßig bezogen wird.

6. **in der Produktion**

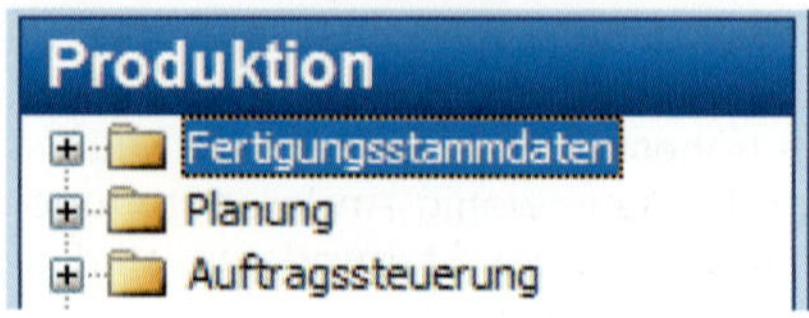

- aus welchen Komponenten sich der „Schubkarren 85L Standard" zusammensetzt.
- wie lange die Montage des Schubkarrens laut Arbeitsplan dauert.
- welcher Kostensatz pro Minute am Arbeitsplatz „Zuschneidemaschine" anfällt.

7. **bei den Anlagen**

- was der „Gabelstapler" für eine Anlagennummer hat.
- wann der „Gabelstapler" angeschafft wurde und welche Anschaffungskosten dafür angefallen sind.
- nach welcher Methode der „Gabelstapler" abgeschrieben wird.

8. **bei den Mitarbeitern**

- seit wann die Mitarbeiterin „Rosalinde Neuenstein" im Unternehmen beschäftigt ist.
- bei welcher Krankenkasse der Mitarbeiter „Harry Hoffmann" versichert ist.
- welche Steuerklasse der Mitarbeiter „Eduard Stricker" hat.
- wann die Mitarbeiterin „Inge Rebstock" geboren ist.

1.3.2 Stammdaten als Grundlage von Geschäftsprozessen

(1) Stammdaten als Basiselemente eines Geschäftsprozesses

Die Daten einer Anwendung können bezüglich ihrer Änderungshäufigkeit in Stammdaten (auch Grunddaten genannt) und Bewegungsdaten eingeteilt werden. Unter dem **Aspekt des Änderungsdienstes** (Einfügen, Ändern und Löschen von Datensätzen) werden Daten, die ein hohes Maß an Änderungen aufweisen, **Bewegungsdaten** genannt, während die Daten mit relativ wenig Änderungen und weitgehend statischer Natur als **Stammdaten** bezeichnet werden. Stammdaten sind also Daten, die über einen längeren Zeitraum unverändert bleiben.

Auch ein Geschäftsprozess greift auf Stammdaten zurück, die im ERP-System vorhanden bzw. angelegt worden sein müssen. Hierzu gehören insbesondere die Daten von Kunden, Artikeln und Lieferanten als Basiselemente z.B. eines Verkaufs- oder Einkaufsprozesses. So kann es beispielsweise keinen Verkaufsauftrag geben ohne einen Kunden.

Stammdaten

Bewegungsdaten

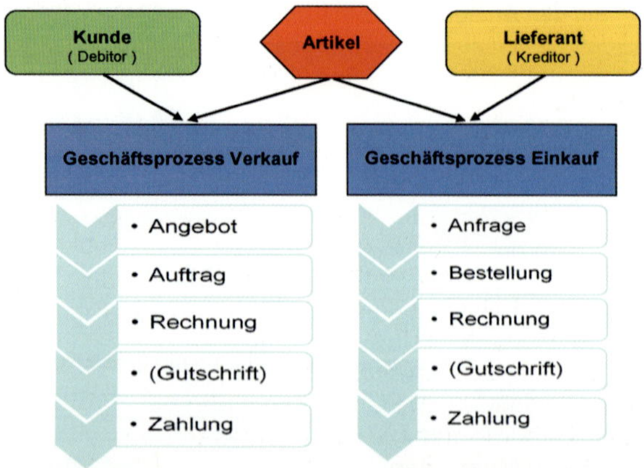

Im weiteren Verlauf entstehen immer wieder neu mit jedem Geschäftsprozess als abwicklungsorientierte Daten die Bewegungsdaten (z. B. Lagerbestände, Einkaufspreise, Rabatte usw.).

(2) Anlegen von Stammdaten (Debitoren, Artikel, Kreditoren)

Die einzelnen Stammdaten werden jeweils im betreffenden Modul angelegt.

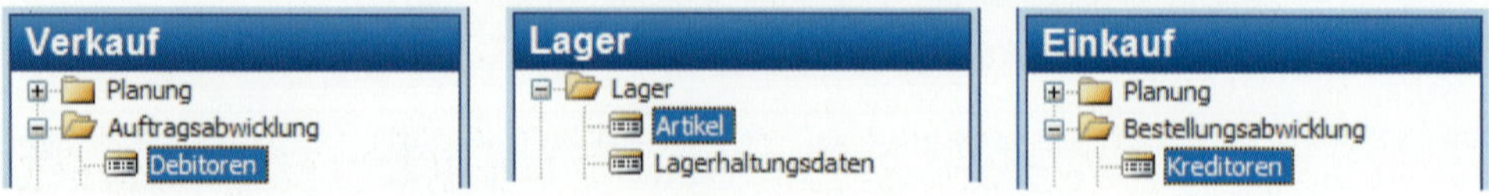

Öffnet man einen Stammdatenmenüpunkt, so erscheint eine Datenmaske, die einer „elektronischen Karteikarte" gleicht und in mehrere Register unterteilt ist. Die Abbildung zeigt beispielhaft die Karte eines Kunden (Debitors). Angezeigt wird beim Öffnen immer die Karte, die zuletzt geöffnet wurde.

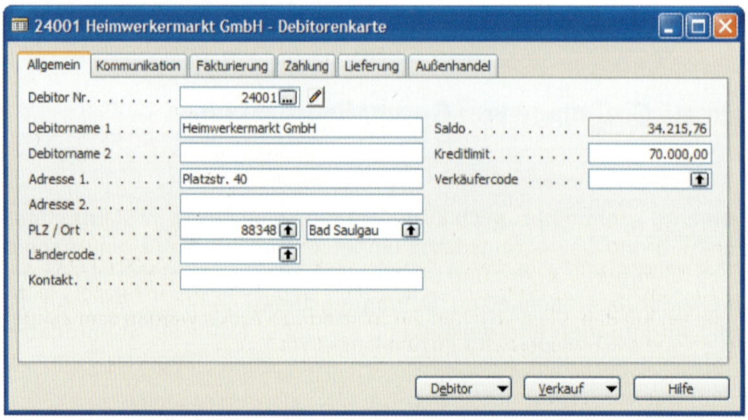

Für die Erfassung eines neuen Stammdatensatzes bei allen Arten von Stammdaten benötigt man eine neue, leere Karte.

Über das Einfüge-Symbol der Symbolleiste oder über die Funktionstaste F3 wird eine leere Karte aufgelegt.

Ebenso ist es möglich, im Navigationsteil der Symbolleiste zunächst auf die Schaltfläche zu gehen, mit der man zum letzten Datensatz bzw. zur letzten Karte gelangt und anschließend auf die Schaltfläche klickt, die zum nächsten Datensatz und somit zu einer neuen, leeren Karte führt.

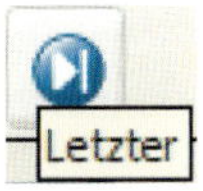

Drückt man unmittelbar danach auf die *Enter-Taste,* so erhält der Kunde, Artikel oder Lieferant aus einer hinterlegten Nummernserie eine eindeutige Nummer zugewiesen. Unter der vergebenen Nummer kann nun z.B. in der Debitorentabelle kein weiterer Kunde mehr erfasst werden.

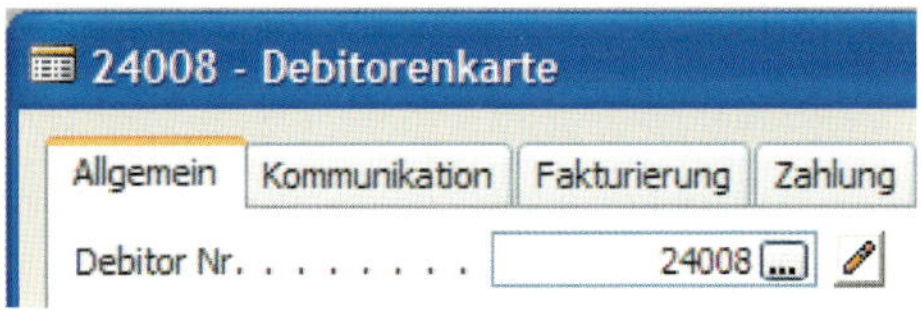

Übungsaufgabe

7 1. Die HWR GmbH konnte die Rieber GmbH als neuen Kunden gewinnen. Legen Sie im System diesen Kunden an. Beachten Sie dabei die ergänzenden Angaben sowie die Hinweise zur Stammdatenanlage!

Rieber GmbH
Baufachmarkt

Achalmstr. 10
72766 Reutlingen

Fon: 07121 524262
Fax: 07121 524265
Mail: info@rieber-gmbh.de
Internet: www.rieber-gmbh.de

Ergänzende Angaben:

Von der Geschäftsleitung wurde für diesen Kunden ein Kreditlimit von 30000,00 EUR vorgegeben. Der Neukunde erhält die gleiche Lieferungs- und Zahlungsbedingung wie die bereits vorhandenen Kunden. Die an die Kunden zu liefernden Artikel werden dem Zentrallager entnommen und die Transportzeit zum Kunden beträgt 1 Tag.

Hinweise zur Stammdatenanlage:

Im Folgenden ist als Beispiel eine angelegte Debitorenkarte mit ihren wesentlichen Eintragungen in den einzelnen Registern abgebildet. In einer Reihe von Feldern können Eintragungen gemacht werden, sind jedoch nicht zwingend erforderlich.

Register:

Allgemein

Die Felder *Debitorname 1* und *Debitorname 2* sind für Eingaben des Firmennamens vorgesehen.

Ebenso sind 2 Felder für die Adressangabe vorhanden.

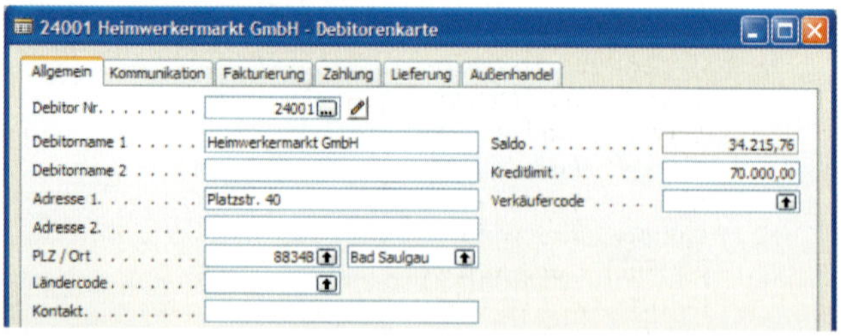

Im Feld *PLZ* ist über die Pfeilschaltfläche die Postleitzahl aus der Tabelle auszuwählen. Sollte die Postleitzahl in der Tabelle noch nicht vorhanden sein, sind am Ende der Tabelle die Postleitzahl und der Ort noch zu erfassen.

Register:

Kommunikation

Hier sind Kommunikationsdaten des Kunden zu erfassen.

Register:

Fakturierung[1]

Hier werden die für die Rechnungsstellung, Umsatzsteuerberechnung und Buchhaltung wichtigen Einstellungen vorgenommen.

Über die Pfeilschaltfläche des jeweiligen Feldes kann die entsprechende Auswahl getroffen werden.

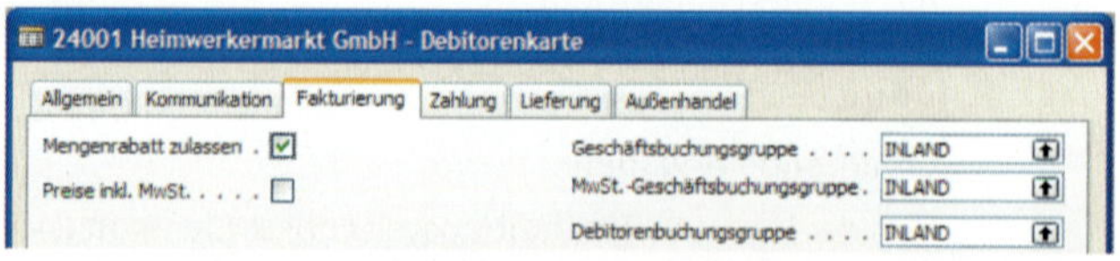

Register:

Zahlung

Hier wird eingestellt, welche Zahlungsbedingung dem Debitor eingeräumt wird und welcher Mahnablauf bei Zahlungsverzug angewandt werden soll.

Über die Pfeilschaltfläche des jeweiligen Feldes kann die entsprechende Auswahl getroffen werden.

1 Fakturierung (von lateinisch-spanisch *factura* für Rechnung) bezeichnet im Rechnungswesen das Erstellen einer Rechnung an den Kunden.

Register:

Lieferung

In den Feldern *Lagerortcode* und *Lieferbedingungscode* ist über die Pfeilschaltfläche die entsprechende Option auszuwählen. Im Feld *Transportzeit* ist die Dauer des Warentransportes zum Kunden einzutragen (T=Tag).

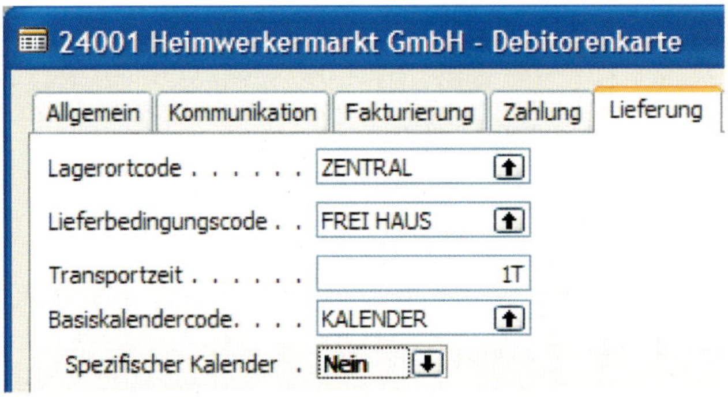

Register:

Außenhandel

In diesem Register sind keine Eintragungen vorzunehmen.

2. Legen Sie weitere Kunden im System nach eigenen Datenvorgaben an!

3. Die HWR GmbH erweitert ihr Heimwerker-Sortiment u.a. um den nachfolgenden Artikel:

Klapptritt

Artikel-Nr. 221146
Verkaufspreis: 49,90 EUR

Legen Sie im System diesen Artikel an. Beachten Sie dabei die ergänzenden Angaben sowie die Hinweise zur Stammdatenanlage!

Ergänzende Angaben:

Von der Wiederhold GmbH, bereits unser Lieferant anderer Artikel, wird diese Handelsware unter der Artikelnummer 635894 bezogen. Als Preis konnte mit dem Lieferanten 24,90 EUR (Einkaufs- und Einstandspreis) ausgehandelt werden. (Kämen zum Einkaufspreis noch Bezugskosten für den Artikel hinzu, so ergäbe dies den Einstandspreis.)

Künftig soll der Artikel beim Lieferanten in einer Menge von 100 Stück nachbestellt werden, sobald durch einen Kundenauftrag der Lagerbestand 20 Stück unterschreitet (Bestellpunkt). Es sollen jedoch stets mindestens 6 Stück am Lager sein. Die Lieferzeit des Lieferanten beträgt 7 Tage.

Hinweise zur Stammdatenanlage:

Im Folgenden ist als Beispiel eine angelegte Artikelkarte mit ihren wesentlichen Eintragungen in den einzelnen Registern abgebildet. In einer Reihe von Feldern können Eintragungen gemacht werden, sind jedoch nicht zwingend erforderlich.

Register:

Allgemein

Hier sind die Artikelnummer, die Bezeichnung und die Mengeneinheit angegeben. Die übrigen Felder sind Informationsfelder.

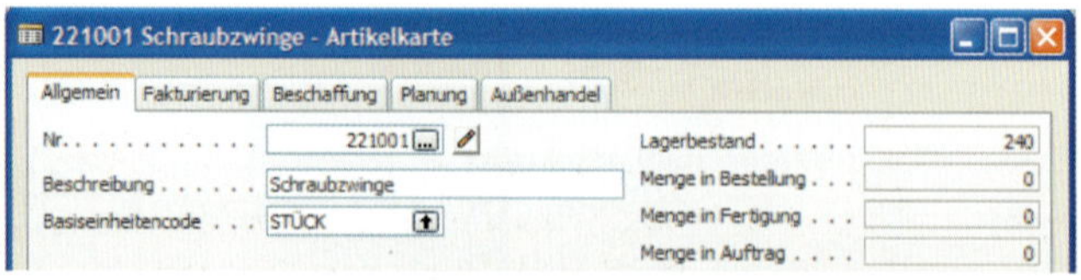

Register:

Fakturierung

Hier werden die für die Rechnungsstellung, Umsatzsteuerberechnung und Buchhaltung wichtigen Einstellungen vorgenommen.

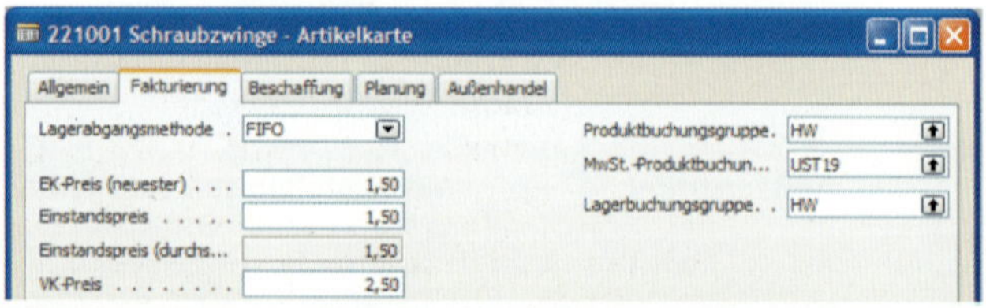

Außerdem wird angegeben, nach welcher Methode der Artikel im Lager abgeht (FIFO = first in – first out), zu welcher Produkt- bzw. Warengruppe der Artikel gehört, mit wie viel Prozent Umsatzsteuer er belegt ist und auf welchem Lagerbestandskonto der Artikel in der Buchhaltung gebucht wird.

Register:

Beschaffung

In diesem Register werden die wesentlichen Beschaffungsinformationen des Artikels hinterlegt.

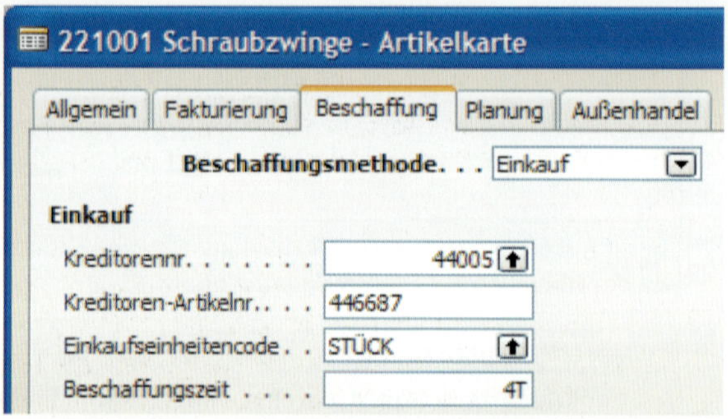

Register:

Planung

Dieses Register enthält die wesentlichen Planungsdaten für die Wiederbeschaffung und Lagerhaltung.

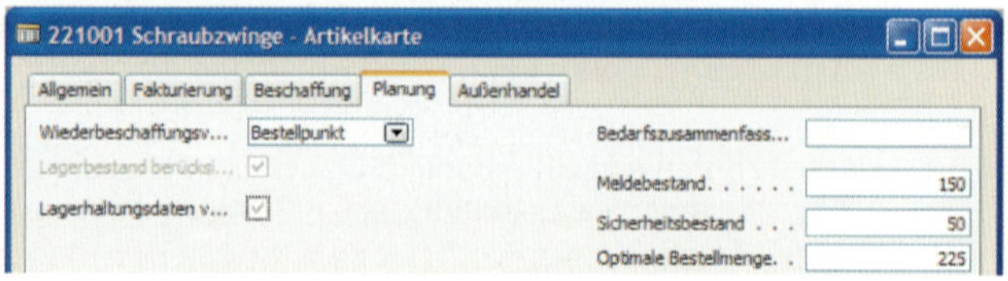

Register:

Außenhandel

In diesem Register sind keine Eintragungen vorzunehmen.

Abschließend sollten die speziell für die Lagerhaltung relevanten Daten aus der Artikelkarte über die Schaltflächen *Funktion / Lagerhaltungsdaten erstellen* erzeugt werden.

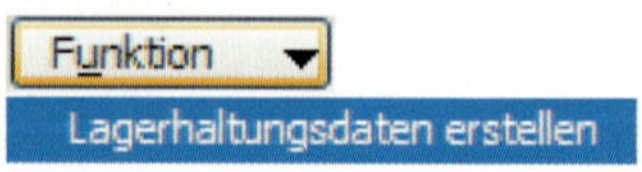

4. Legen Sie weitere Artikel im System nach eigenen Datenvorgaben an!

5. Die HWR GmbH wird künftig von der Gebhardt GmbH von Fall zu Fall einzelne Sonderposten an Heimwerkerartikeln beziehen. Legen Sie im System diesen Lieferanten an. Beachten Sie dabei die ergänzenden Angaben sowie die Hinweise zur Stammdatenanlage!

Gebhardt GmbH
Alles für den Heimwerker

Steinstr. 27
72072 Tübingen

Fon:	07071 235890
Fax:	07071 235892
Mail:	info@gebhardt.de
Internet:	www.gebhardt.de

Ergänzende Angaben:

Der Lieferant liefert „frei Haus" und gewährt bei Zahlung innerhalb 8 Tagen 3% Skonto oder ein Zahlungsziel von 30 Tagen. Die Transportzeit vom Lieferanten bis zur HWR GmbH beträgt 1 Tag.

Hinweise zur Stammdatenanlage:

Der Aufbau einer Kreditorenkarte gleicht weitgehend der einer Debitorenkarte. Für die Stammdatenanlage eines Kreditors gelten daher sinngemäß die Hinweise zur Kundenstammdatenanlage (siehe Aufgabe 1).

6. Legen Sie weitere Lieferanten (Kreditoren) im System nach eigenen Datenvorgaben an!

7. Außer Kunden, Artikel und Lieferanten gibt es weitere Stammdaten, die der Anwender im System anlegen muss. Nennen Sie weitere Beispiele für Stammdaten!

1.3.3 Einfacher Einführungsgeschäftsprozess (Verkauf und Einkauf)

Verkaufs- und Einkaufsvorgänge von Werkstoffen und Handelswaren setzen sich im betrieblichen Arbeitsprozess aus einer ganzen Reihe von Prozessschritten zusammen. Einem Wareneingang und einer Eingangsrechnung geht in der Regel eine Bestellung beim Lieferanten und einem Warenausgang und einer Ausgangsrechnung ein Auftrag und eventuell ein Angebot eines Kunden voraus.

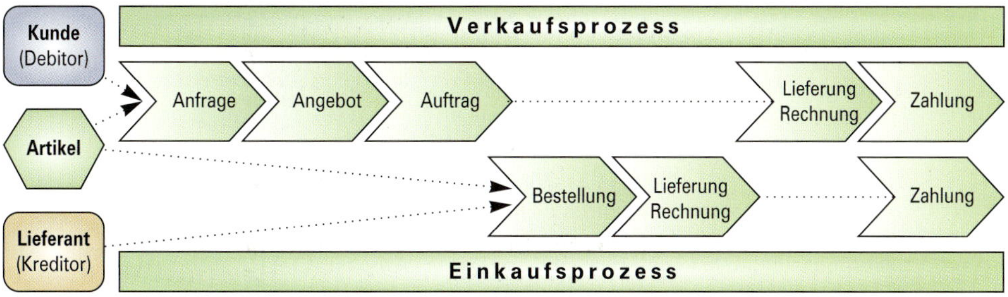

3 Hahn - ISBN 978-3-8120-0581-4

Moderne Softwaresysteme integrieren diese Vorgänge. Ausgehend von der Angebotserstellung über die Auftragserteilung bis hin zur Ausgangsrechnung werden informationstechnisch die Artikelinformationen im Warenwirtschaftssystem miterfasst sowie die übrigen Daten Schritt für Schritt in einem durchgängigen Daten- und Informationsfluss weitergereicht. Im Einkaufsbereich geschieht dies gleichermaßen von der Bestellung hin zur Eingangsrechnung. Das komplette Buchen des Ein- und Verkaufsvorganges in der Finanzbuchhaltung und die Bestandsführung im Warenwirtschaftssystem vollziehen sich automatisiert mit dem Ziel eines optimalen Geschäftsablaufes.

Ein einfacher Einführungsgeschäftsprozess (ohne die abschließenden Zahlungsvorgänge) soll dies nachfolgend mit Unterstützung des ERP-Systems Microsoft Dynamics NAV® näher verdeutlichen.

Übungsaufgaben

8 1.

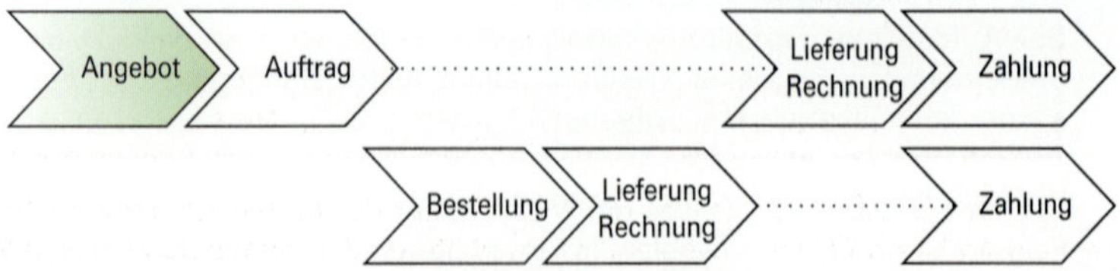

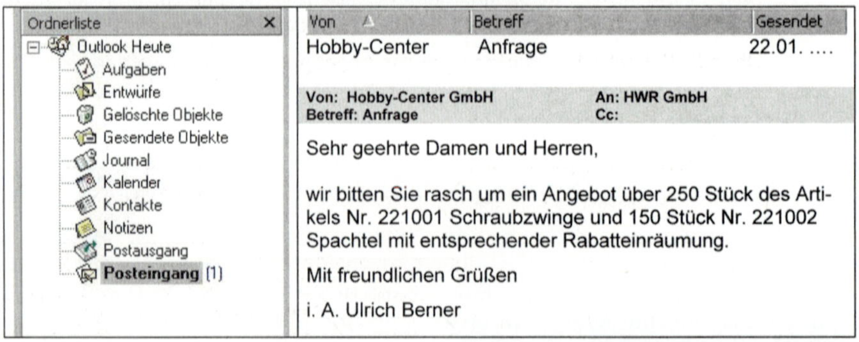

Erstellen Sie unter dem Arbeitsdatum des 22.01. für die Hobby-Center GmbH ein Angebot. Nach Rücksprache mit der Geschäftsleitung soll ein Rabatt von 10 % eingeräumt werden!

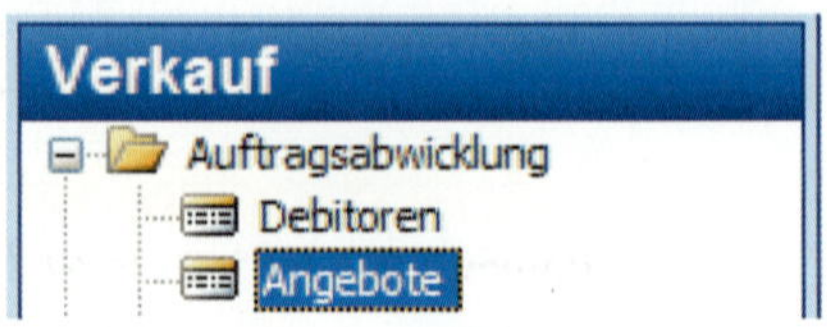

Bearbeitungshinweis:

Da beim unterrichtsbezogenen, beispielhaften Arbeiten die einzelnen Prozessschritte im System nicht zum Zeitpunkt des tatsächlichen Datums stattfinden, sollte zunächst immer das jeweilige Arbeitsdatum in der Menüleiste über *Extras / Arbeitsdatum* eingestellt werden.

Im Feld *Angebot Nr.* der Angebotsmaske erhält man für das Angebot über die *Enter*-Taste einen Nummernvorschlag. Im folgenden Feld ist über die Pfeilschaltfläche die Auswahl des Kunden möglich, sodass die Adressdaten in den „Angebotskopf" übernommen werden.

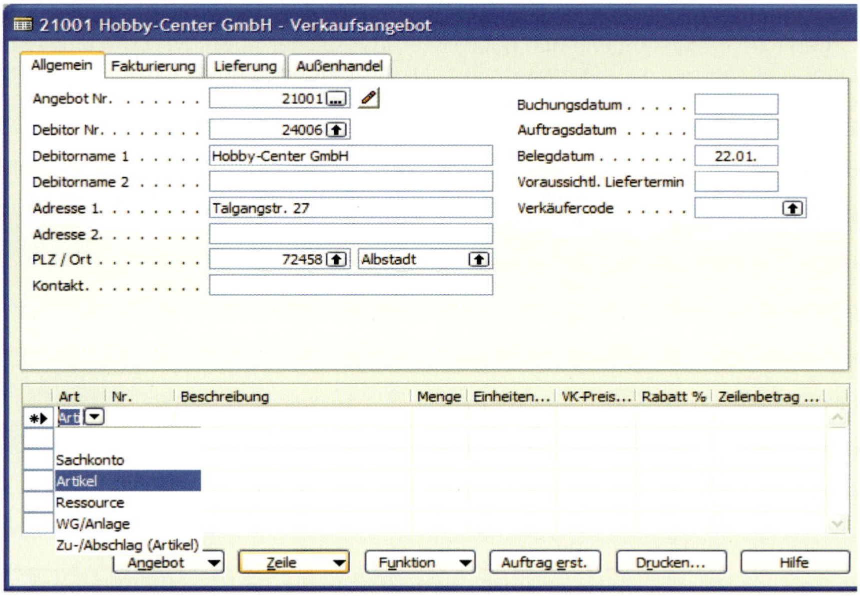

Der untere, tabellarische Teil der Maske dient der Erstellung der Angebotspositionen. Im Feld *Art* ist *Artikel* auszuwählen, um im Weiteren den Angebotsartikel mit Verkaufspreis aus dem Artikelverzeichnis zu übernehmen. Die Angebotsmenge und der zu gewährende Rabattsatz sind in den entsprechenden Feldern der Zeile noch zu erfassen.

Über die Schaltfläche *Drucken* kann das Angebot ausgedruckt werden.

2.

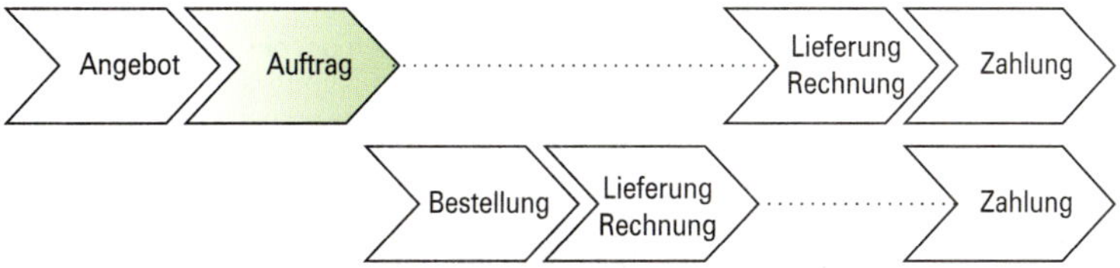

Auf unser Angebot hat sich die Hobby-Center GmbH telefonisch gemeldet. Folgende Gesprächsnotiz wurde vom Telefongespräch angefertigt:

Telefonnotiz	
Datum:	28.01.
Gesprächspartner:	Herr Beyer, Hobby-Center GmbH
Gesprächsnotiz:	Bezug auf unser Angebot Nr. 21001 vom 22.01. Auftragserteilung gemäß Angebot. Gewünschtes Lieferdatum spätestens bis 10.02.

(1) Prüfen Sie, ob ein ausreichender Lagerbestand für den Auftrag des Kunden vorhanden ist bzw. ob bis zum gewünschten Termin eine Lieferung möglich ist!

(2) Nehmen Sie unter dem Arbeitsdatum des 28.01. im „Angebotskopf" die entsprechenden Datumsanpassungen vor und erzeugen Sie aus dem Angebot über die Schaltfläche *Auftrag erstellen* einen Auftrag!

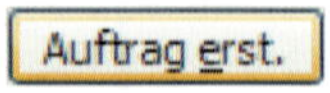

(3) Überprüfen Sie unter dem Menüpunkt *Aufträge* den erzeugten Auftrag und erledigen Sie den auf die Auftragsannahme folgenden Arbeitsschritt!

(4) Inwiefern ist aus der Artikel- bzw. Lagerhaltungsdatenkarte der betreffenden Artikel nun ersichtlich, dass ein zu erfüllender Kundenauftrag vorliegt?

3.

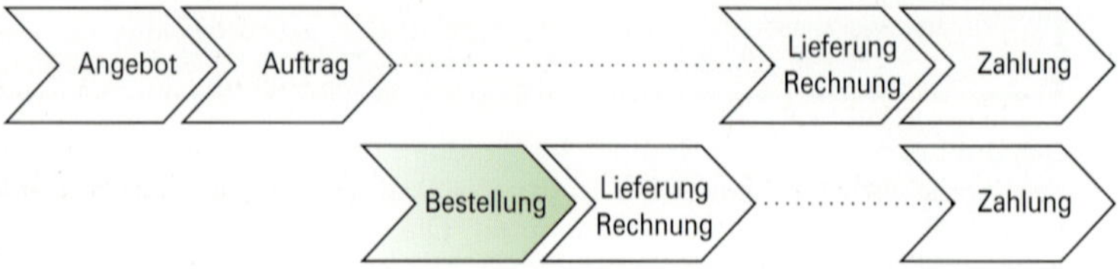

(1) Stellen Sie anhand der Artikelkarte fest, welche Menge optimalerweise von den beiden Artikeln, die der Kunde wünscht, bestellt werden und wer der Lieferant dieser Artikel ist!

(2) Stellen Sie in der Kreditorenkarte fest, welche Liefer- und Zahlungsbedingung der Lieferant uns einräumt!

(3) Erstellen Sie unter dem Arbeitsdatum des 28.01. eine Bestellung im System und drucken Sie diese aus!

Bearbeitungshinweis:

Die Erfassung einer Bestellung erfolgt analog zu einer Angebotserstellung. Orientieren Sie sich daher weiter vorne in analoger Weise an den Hinweisen zur Angebotserstellung!

Beachten Sie die „optimale Bestellmenge" und den Lieferanten der beiden Artikel laut Artikelkarte!

(4) Erläutern Sie, welche Änderung sich im Register *Allgemein* der Artikel- bzw. Lagerhaltungsdatenkarte bei den bestellten Artikeln durch die Bestellung ergeben hat!

4.

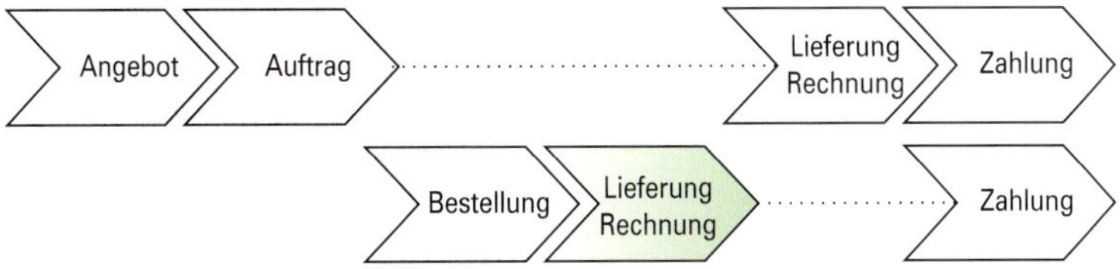

Am 05.02. trifft von der Liebermann KG die bestellte Ware und die nachfolgende Rechnung (Auszug) ein.

Liebermann KG

Heimwerkerbedarf

Brahmsstr. 17, 72072 Tübingen, Tel.: 07071 483531

HWR GmbH
Im Industriegebiet 20
72336 Balingen

Rechnung-Nr.: 58624
Kunden-Nr.: 38941
Datum: 05.02. ..

Lieferschein / Rechnung

Art.-Nr.	Text	Menge	Einzelpreis	Betrag
446687	Schraubzwinge	225	1,50	337,50
87542	Spachtel	125	1,50	187,50
			Nettowarenwert	525,00
			+ 19 % MwSt	99,75
			Rechnungsbetrag	624,75

(1) Erläutern Sie, welche Auswirkung der Wareneingang im Lager (Artikel- bzw. Lagerhaltungsdatenkarte) hervorruft und überprüfen Sie dies anschließend!

(2) Öffnen Sie im System unter dem Arbeitsdatum des 05.02. die vorhandene Bestellung. Aktualisieren Sie im „Bestellkopf" die Datumsangaben und ergänzen Sie die Kreditorenrechnungsnummer (Nummer der Eingangsrechnung)!

Buchen Sie über die Schaltflächen *Buchen* / *Buchen* die Bestellung als Lieferung und Rechnung in das System ein!

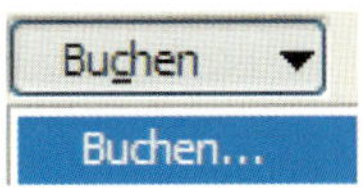

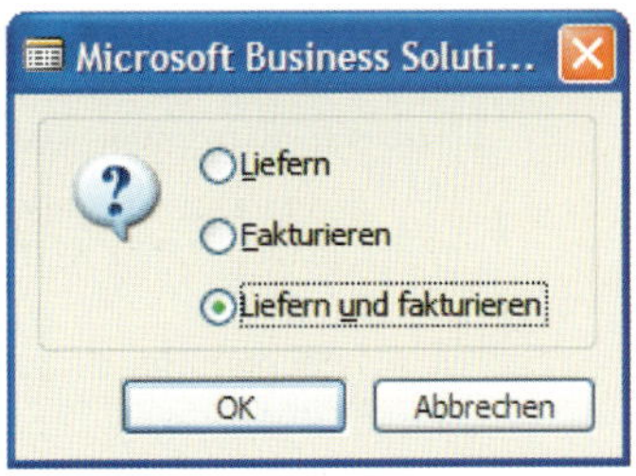

5.

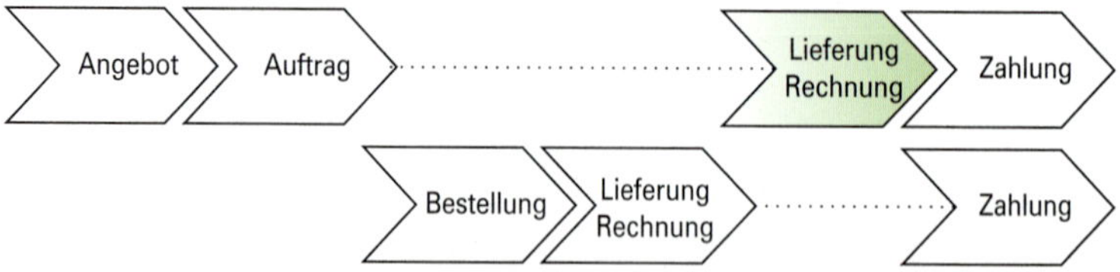

Bereits am 06.02. liefert die HWR GmbH entsprechend dem Kundenwunsch den Auftrag an die Hobby-Center GmbH aus.

(1) Erläutern Sie, welche Auswirkung die Auslieferung der Aufträge im Lager (Artikel- bzw. Lagerhaltungsdatenkarte) hervorruft und überprüfen Sie dies anschließend!

(2) Öffnen Sie im System unter dem Arbeitsdatum des 06.02. den vorhandenen Auftrag und aktualisieren Sie im „Auftragskopf" die Datumsangaben !

Erzeugen Sie aus dem Auftrag über die Schaltflächen *Buchen / Buchen* eine Lieferung und Rechnung!

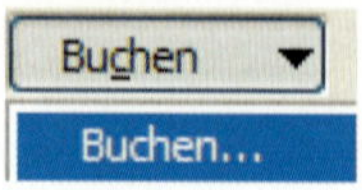

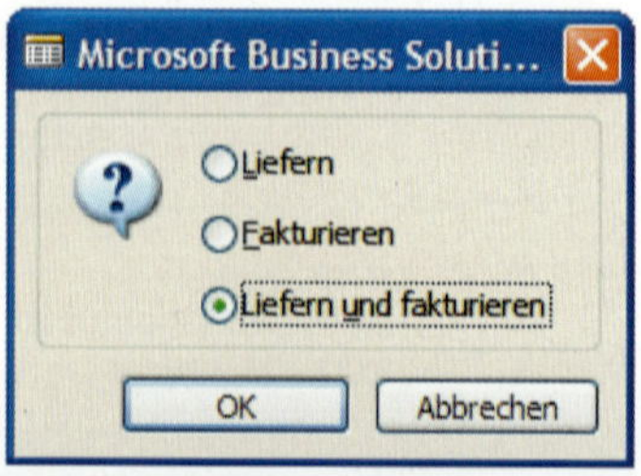

Lassen Sie sich für die Lieferung und Rechnungsstellung (Fakturierung) vom System auch die Belege ausdrucken!

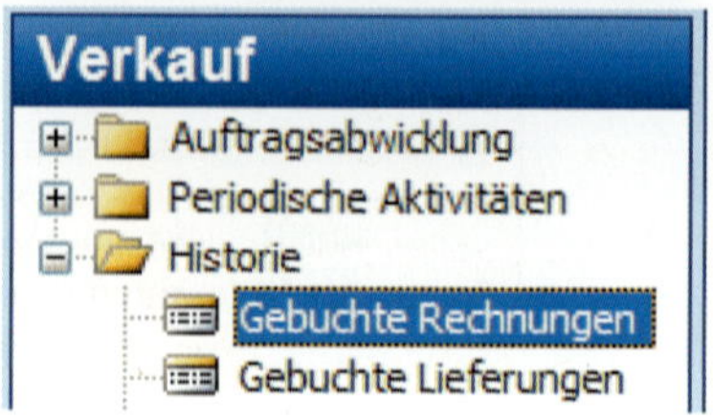

9 1. Bei der HWR fragen immer wieder Kunden nach Artikeln, die bislang nicht zum Sortiment gehören. Die Geschäftsleitung hat sich nun entschlossen, zwei neue Artikel von der Gruber GmbH in das Sortiment aufzunehmen.

Legen Sie im System den neuen Lieferanten sowie die neuen Artikel an. Beachten Sie dabei die ergänzenden Angaben sowie die Hinweise zur Stammdatenanlage unter Kapitel 1.3.2!

Gruber GmbH
Heimwerkertechnik

Obersteinstr. 72
88239 Wangen

Fon: 07522 423562
Fax: 07522 423552
Mail: info@gruber-gmbh.de
Internet: www.gruber-gmbh.de

Ergänzende Angaben:

Der Lieferant liefert „frei Haus" und gewährt bei Zahlung innerhalb 14 Tagen 2% Skonto oder ein Zahlungsziel von 30 Tagen. Die Transportzeit vom Lieferanten bis zur HWR GmbH beträgt 1 Tag.

Laser-Entfernungsmesser
Artikel-Nr.: 221147
Verkaufspreis: 99,90 EUR

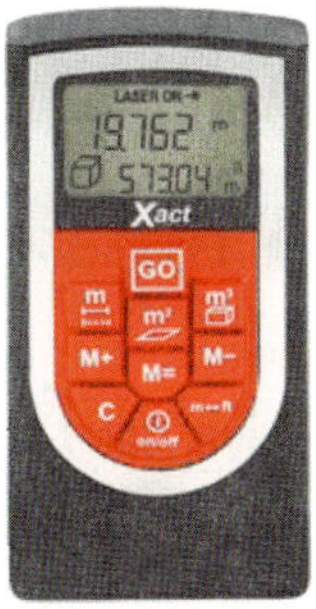

Ergänzende Angaben:

Der Handelswarenartikel wird unter der Artikelnummer 265891 von der Gruber GmbH bezogen. Als Preis konnte mit dem Lieferanten 49,90 EUR (Einkaufs- und Einstandspreis) ausgehandelt werden.

Künftig soll der Artikel beim Lieferanten in einer Menge von 75 Stück nachbestellt werden, sobald durch einen Kundenauftrag der Lagerbestand 15 Stück unterschreitet (Bestellpunkt). Es sollen jedoch stets mindestens 5 Stück am Lager sein. Die Lieferzeit des Lieferanten beträgt 5 Tage.

Hochdruckreiniger
Artikel-Nr.: 221148
Verkaufspreis: 178,90 EUR

Ergänzende Angaben:

Der Handelswarenartikel wird unter der Artikelnummer 935487 von der Gruber GmbH bezogen. Als Preis konnte mit dem Lieferanten 99,90 EUR (Einkaufs- und Einstandspreis) ausgehandelt werden.

Künftig soll der Artikel beim Lieferanten in einer Menge von 25 Stück nachbestellt werden, sobald durch einen Kundenauftrag der Lagerbestand 8 Stück unterschreitet (Bestellpunkt). Es sollen jedoch stets mindestens 4 Stück am Lager sein. Die Lieferzeit des Lieferanten beträgt 5 Tage.

2. (1) Am 06.02. soll von beiden Artikeln die angegebene Bestellmenge bestellt werden, um im Falle von Kundenaufträgen einen Artikelvorrat zu haben.

   Führen Sie die Bestellung im System durch und drucken Sie die Bestellung aus!

   (2) Der Heimwerkermarkt GmbH, die nach diesen Artikeln bereits nachgefragt hat, soll unter dem Arbeitsdatum des 08.02. ein Angebot über je 25 Stück mit einem Rabatt von 7,5 % frei Haus unterbreitet werden.

   Erstellen Sie das Angebot im System und drucken Sie das Angebot aus!

   (3) Am 12.02. kommt von der Heimwerkermarkt GmbH wegen unseres Angebotes ein Telefonanruf. Sie ist bereit unser Angebot anzunehmen, sofern ein Rabatt von 10% gewährt wird bei schnellstmöglicher Lieferung. Nach Rücksprache mit der Geschäftsleitung soll der gewünschte Rabatt gewährt werden.

   Erzeugen Sie aus dem Angebot einen Auftrag und nehmen Sie den weiteren Arbeitsschritt vor!

   (4) Prüfen Sie, ob aufgrund des Kundenauftrages eine weitere Bestellung vorgenommen werden soll und führen Sie gegebenenfalls die Bestellung durch!

   (5) Am 13.02. treffen die am 06.02. bestellten Artikel mit Rechnung Nr. 354933 vom Lieferanten ein. Nehmen Sie den entsprechenden Arbeitsschritt im System vor!

   (6) Am 15.02. werden die vom Kunden bestellten Artikel mit Rechnung und Lieferschein ausgeliefert! Führen Sie im System den entsprechenden Arbeitsschritt durch!

2 Betriebliche Kernprozesse

2.1 Verkaufsprozess

2.1.1 Grundlagen und Basisdaten

Situation

Die HWR GmbH ist ein Handels- und Endmontagebetrieb für Artikel aus dem Bereich Hobby, Werken und Renovieren mit einem sehr umfangreichen Handelswarensortiment. Laufend werden Artikelanfragen von Kunden und Interessenten an die HWR GmbH gerichtet, Angebote an diese abgegeben, die meist auch zu Aufträgen führen und im Weiteren zuverlässig und zur Zufriedenheit der Kunden abgewickelt werden.

Bei den gängigen und „schnelldrehenden“ Handelswarenartikeln wird ein Lagerbestand gehalten, der in der Regel eine sofortige Lieferfähigkeit aus dem Lagerbestand heraus ermöglicht.

Die HWR GmbH setzt im Betrieb ein integriertes ERP-System ein, mit dessen Hilfe Sie die anfallenden Arbeitsaufträge im Rahmen des betrieblichen Absatzprozesses durchführen sollen.

Die wesentlichen Daten zum Absatzprozess sind in den einzelnen Menüpunkten der entsprechenden Module des ERP-Informationssystems bereits vorhanden oder werden im Rahmen der Prozessabwicklung erzeugt.

Modul/Menüpunkt	Daten
	– Kundenverzeichnis (Debitoren) – Kundenkreditlimit – Offene Debitorenposten – Zahlungsbedingung – Lieferungsbedingung – Datenerfassung der einzelnen Prozessschritte – Angebote – Aufträge – Rechnungen – Gutschriften

<table>
<tr><th>Modul/Menüpunkt</th><th>Daten</th></tr>
<tr><td>
</td><td>– Lagerbestand
– Verkaufspreise
– Einkaufspreise
– Bezugsquellen</td></tr>
<tr><td>
</td><td>– Kontenplan mit Anzeige der Kontenstände
– Ausgleich offener Debitorenposten
– Journale über die Buchungen in der Finanz- und Lagerbuchhaltung</td></tr>
</table>

Übungsaufgabe

10 1. Die HWR GmbH hat seit Beginn des Geschäftsjahres bereits eine Reihe von Kundenaufträgen abgewickelt.

(1) Stellen Sie fest, wie viel Ausgangsrechnungen bislang an Kunden erstellt wurden!

(2) Stellen Sie fest, an welchen Kunden die Ausgangsrechnung Nr. 25511 ging, auf welchen Betrag die Rechnung lautete und wie viel verschiedene Artikel an den Kunden geliefert wurden!

(3) Ermitteln Sie in der Finanzbuchhaltung, zu welchem Umsatzerlös die an die Kunden verschickten Rechnungen seit Jahresbeginn geführt haben!

(4) Begründen Sie, warum die Umsatzerlöse niedriger sind als die Summe der Rechnungsbeträge der Kundenrechnungen!

2. Anfragen nach Artikeln erfolgen bei der HWR GmbH meist telefonisch, per Fax, per E-Mail oder postalisch. Aufgrund dieser Anfragen gibt die HWR GmbH Angebote ab, die im ERP-System erfasst, gespeichert und an die Interessenten bzw. Kunden auf den entsprechenden Kommunikationswegen übermittelt werden.

(1) Überprüfen Sie, ob und gegebenenfalls welche Angebote an Kunden abgegeben wurden!

(2) Stellen Sie stichprobenartig fest, ob die Lagerbestände der Artikel in den Angeboten für eine sofortige Lieferung ausreichen, falls die Angebote zu Aufträgen führen würden!

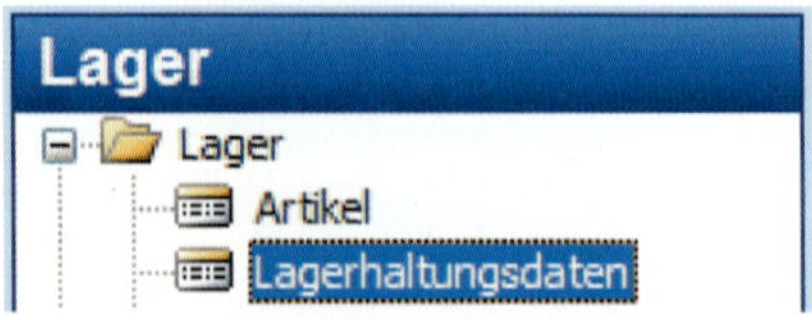

3. Der Auftragseingang bei der HWR GmbH erfolgt mit oder ohne vorausgegangenes Angebot in der Regel telefonisch, per Fax, per E-Mail oder postalisch. Der Kunde erhält eine Auftragsbestätigung. Bei Auslieferung der Artikel werden aus dem Auftrag als Begleitpapiere ein Lieferschein und eine Rechnung erzeugt mit den entsprechenden Buchungen im Lager und in der Finanzbuchhaltung.

(1) Überprüfen Sie, ob und gegebenenfalls welche noch nicht abgewickelten Kundenaufträge vorhanden sind!

(2) Lassen Sie sich in der Auftragsmaske über die Schaltfläche *Drucken* eine Auftragsbestätigung anzeigen und/oder ausdrucken!

Erläutern Sie, in welchen Fällen eine Auftragsbestätigung für das Zustandekommen eines Kaufvertrages notwendig ist!

(3) Prüfen Sie stichprobenartig am Beispiel eines Artikels aus einem Auftrag, ob die Auftragsmenge im Lager verfügbar ist!

(4) Inwiefern ist aus der Artikel- bzw. Lagerhaltungsdatenkarte ersichtlich, ob bei einem Artikel ein zu erfüllender Kundenauftrag vorliegt?

(5) Erläutern Sie mögliche Gründe, warum ein Kunde bei uns bestellt, ohne zuvor ein Angebot bei uns einzuholen!

2.1.2 Kundenauftragsabwicklung am Beispiel von Handelswaren

Die folgende Abbildung skizziert vereinfacht den grundsätzlichen Ablauf des Geschäftsprozesses Kundenauftragsabwicklung bei Handelswaren. Vereinfachend nehmen wir zunächst noch an, dass die Auftragsabwicklung aus einem ausreichend verfügbaren Lagerbestand heraus ohne Beschaffungsprozess möglich ist.

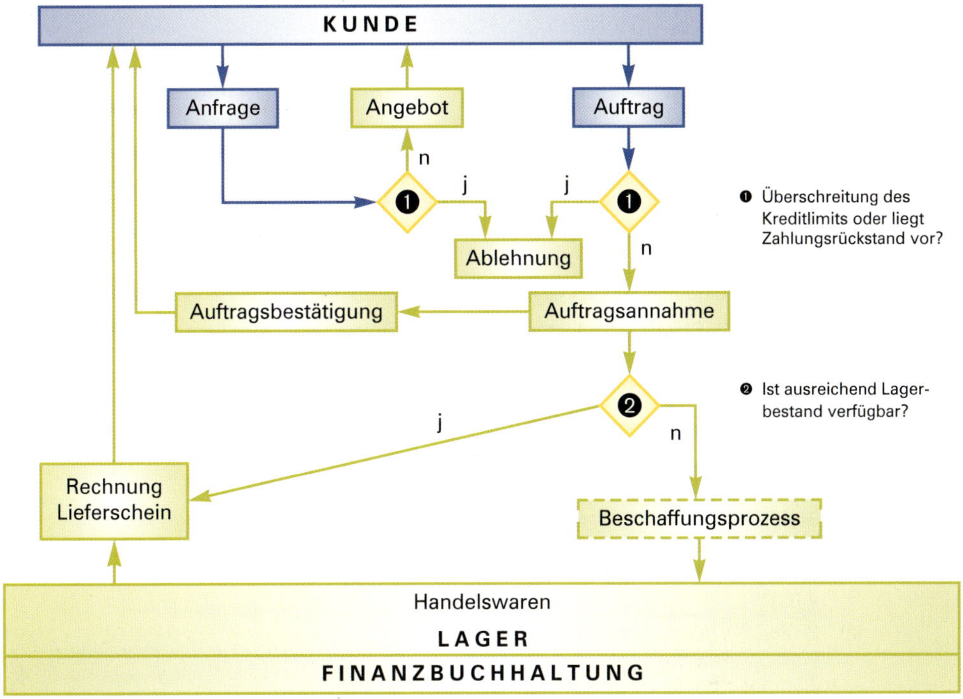

Erläuterung:

Nach Eingang einer Kundenanfrage führt das System bereits bei der Erstellung des „Angebotskopfes" (Nr. und Datum des Angebotes, Adressdaten des Kunden) eine sogenannte Bonitätsprüfung durch. Dabei wird geprüft, ob mit dem Angebot (falls es zu einem Auftrag führen würde) das dem Kunden laut Debitorenkarte eingeräumte Kreditlimit überschritten wird und/oder ob aufgrund früher bereits abgewickelter Aufträge der Kunde einen „überfälligen Saldo" hat, also im Zahlungsrückstand ist. Gegebenenfalls hat hier der Sachbearbeiter auch einen Entscheidungsspielraum, ob ein Angebot an den Kunden abgegeben wird oder nicht.

Bei einem Auftragseingang (mit oder ohne vorausgegangenes Angebot) führt das System im Rahmen der Auftragserfassung ebenfalls zunächst eine Bonitätsprüfung durch, die gegebenenfalls zu einer Auftragsablehnung führt. Außerdem wird bei der Erfassung der Auftragspositionen vom System die Verfügbarkeit des Artikels im Lager geprüft. Bei nicht ausreichender Verfügbarkeit müsste in einen Beschaffungsprozess verzweigt werden, um schließlich dem Kunden die Artikel ausliefern zu können.

Übungsaufgabe

11 1. **Anfrage und Angebot**

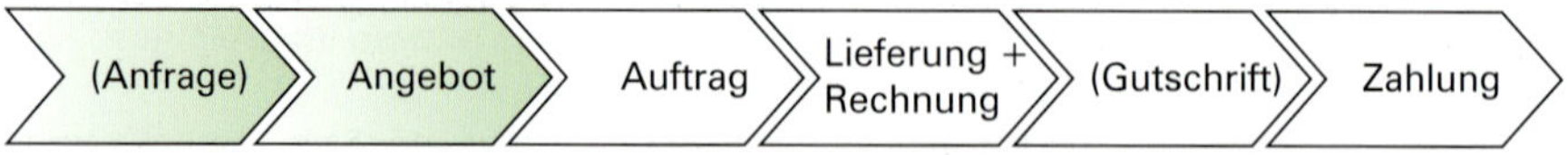

Von der Bauland AG, die bereits Kunde der HWR GmbH ist, ging folgende E-Mail ein:

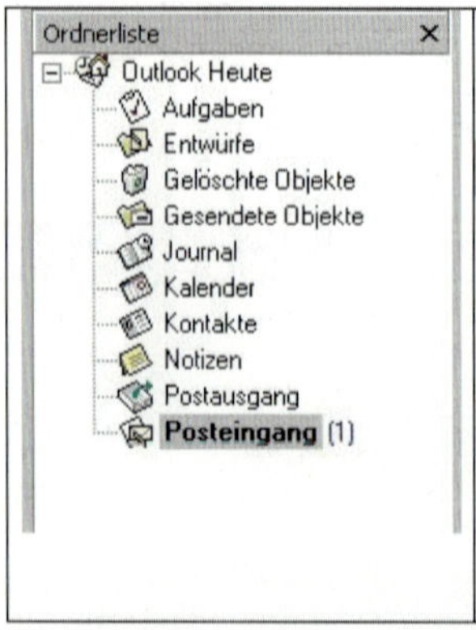

Von	Betreff	Gesendet
Bauland AG	Anfrage	20.01. ....

Von: Bauland AG **An: HWR GmbH**
Betreff: Anfrage **Cc:**

Sehr geehrte Damen und Herren,

an den in Ihrer Werbeaktion vorgestellten Artikeln Nr. 221076 Akku-Bohrschrauber und Nr. 221078 Schlagbohrmaschine sind wir interessiert. Im Hinblick auf das Frühjahrsgeschäft bitten wir Sie rasch um ein Angebot frei Haus mit entsprechendem Rabatt über 200 Stück Akku-Bohrschrauber und 75 Stück Schlagbohrmaschinen.

Mit freundlichen Grüßen

i. A. Oliver Kern

(1) Prüfen Sie vor einer eventuellen Angebotsabgabe anhand der Debitorenkarte und/oder des entsprechenden Berichtes im Modul *Verkauf*, ob der Kunde das eingeräumte Kreditlimit überschreitet, falls das Angebot zu einem Auftrag führen würde und ob der Kunde aufgrund eventuell früherer Lieferungen im Zahlungsrückstand ist!

Bearbeitungshinweis:

Einen Überblick über die „offenen Posten" eines Kunden erhält man sehr schnell auch über das Register *Allgemein* der betreffenden Debitorenkarte.

Über die Pfeilschaltfläche im Betragsfeld *Saldo* öffnet sich im Weiteren die Anzeige der offenen Posten.

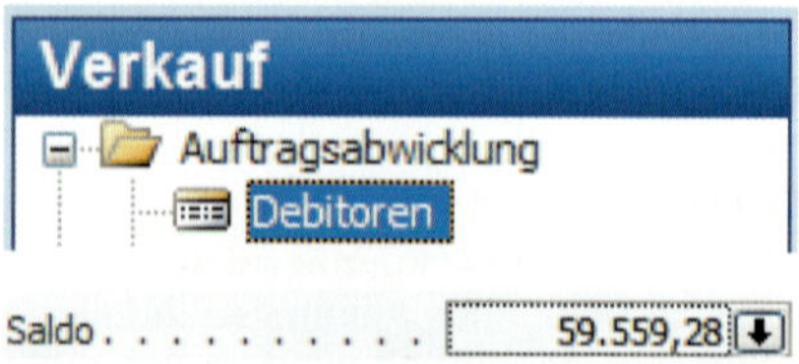

(2) Ermitteln Sie, welchen Rabattprozentsatz Sie der Bauland AG im gewünschten Angebot unter Berücksichtigung der folgenden Angaben einräumen würden!

Bearbeitungshinweis:

Beachten Sie bei Ihrer Einräumung des Wiederverkäuferrabattes, dass die HWR GmbH bei ihren Handelswaren für die geschäftsinternen Kosten mit einem Handlungskostenzuschlag von 25 % auf den Einstandspreis kalkuliert und unter Berücksichtigung der Kundenzahlungsbedingung bei den Artikeln eine Gewinnspanne von etwa 5 % realisieren möchte. Für eventuelle Angebotsnachverhandlungen soll noch ein Spielraum für ein Rabattzugeständnis möglich sein!

(3) Erstellen Sie unter dem Arbeitsdatum des 20.01. für die Bauland AG ein Angebot mit Einräumung des zuvor ermittelten Rabattes!

Bearbeitungshinweis:

Die Bauland AG ist ein langjähriger, guter Kunde. Im Falle einer Überschreitung des Kreditlimits oder bei fälligen offenen Posten soll trotzdem ein Angebot abgegeben werden.

Im Feld *Angebot Nr.* der Angebotsmaske erhält man für das Angebot über die *Enter*-Taste einen Nummernvorschlag. Im folgenden Feld ist über die Pfeilschaltfläche die Auswahl des Kunden möglich, sodass die Adressdaten in den „Angebotskopf" übernommen werden.

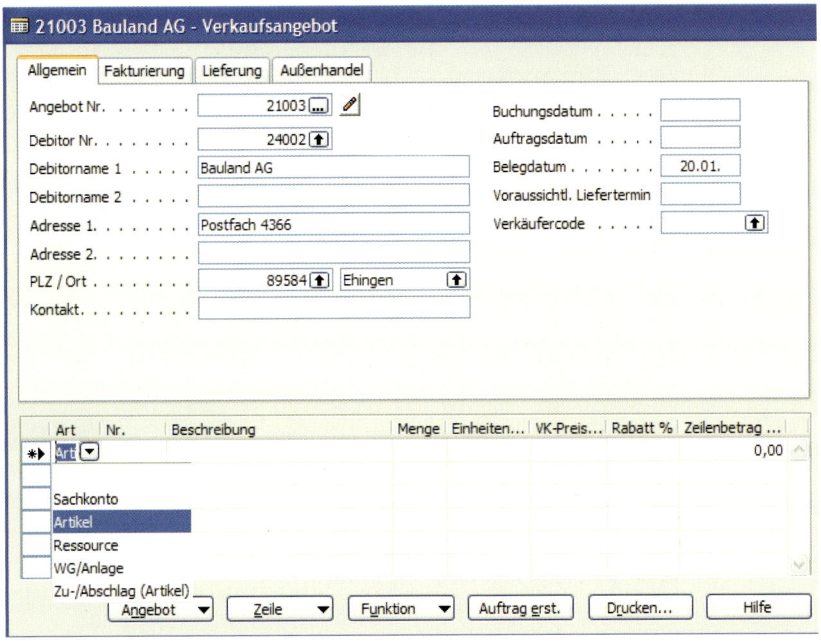

Der untere, tabellarische Teil der Maske dient der Erstellung der Angebotspositionen. Im Feld *Art* ist *Artikel* auszuwählen, um im Weiteren den Angebotsartikel mit Verkaufspreis aus dem Artikelverzeichnis zu übernehmen. Die Angebotsmenge und der zu gewährende Rabattsatz sind in den entsprechenden Feldern der Zeile noch zu erfassen. Über die Schaltfläche *Drucken* kann das Angebot ausgedruckt werden.

2. Angebot und Auftrag

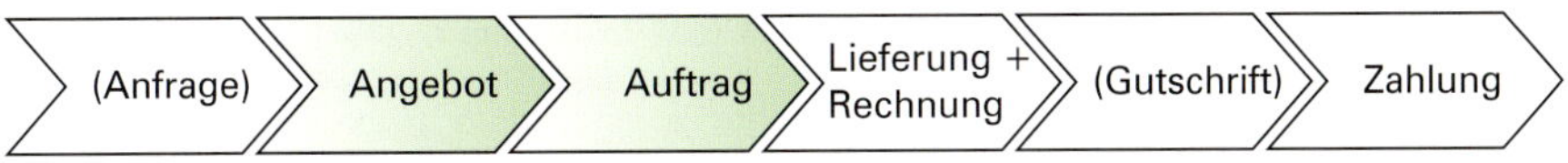

Rückfragen zu abgegebenen Angeboten kommen von Kundenseite sehr häufig durch Telefonanruf. Folgende Gesprächsnotiz wurde von einem Telefongespräch mit einem Kunden angefertigt:

Telefonnotiz

Datum:	*20.01.*
Gesprächspartner:	*Herr Wunder, Kurz GmbH*
Gesprächsnotiz:	*Bezug auf unser Angebot Nr. 21001 vom 12.01. Auftragserteilung nur, wenn beim Artikel Lochsäge ein Rabatt von 20 % und beim Artikel Schraubstock ein Rabatt von 25 % möglich ist. Gewünschtes Lieferdatum bis 03.02.*

(1) Prüfen Sie, ob bei den Vorgaben des Kunden wenigstens die kalkulierten innerbetrieblichen Kosten (Handlungskostenzuschlag) in Höhe von 25 % auf den Einstandspreis noch gedeckt wären, wenn der Kunde entsprechend der Kundenzahlungsbedingung eventuell noch den Skontoabzug vornimmt!

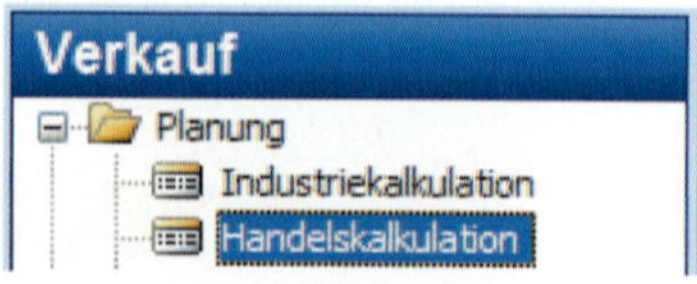

(2) Nennen Sie Gründe, die im vorliegenden Fall trotz unbefriedigender Gewinnsituation für eine Auftragsannahme sprechen könnten!

(3) Der Auftrag soll zu den Bedingungen des Kunden angenommen werden.

Prüfen Sie, ob ein ausreichender Lagerbestand für die Auslieferung an den Kunden vorhanden ist!

(4) Nehmen Sie unter dem Arbeitsdatum des 20.01. im „Angebotskopf" und bei den Angebotspositionen des zugrunde liegenden Angebotes die entsprechenden Datumseinträge vor und erzeugen Sie aus dem Angebot über die Schaltfläche *Auftrag erstellen* einen Auftrag!

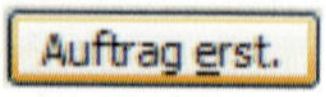

(5) Überprüfen Sie unter dem Menüpunkt *Aufträge* den erzeugten Auftrag und erledigen Sie den auf die Auftragsannahme folgenden Arbeitsschritt!

(6) Inwiefern ist aus der Artikel- bzw. Lagerhaltungsdatenkarte der betreffenden Artikel nun ersichtlich, dass ein zu erfüllender Kundenauftrag vorliegt?

(7) Ein weiterer Anruf kam am 02.02. von der Weber KG. Sie nimmt unser Angebot unverändert an und bittet um Lieferung bis Ende des Monats.

Prüfen Sie die Verfügbarkeit der angebotenen Artikel im Lager und erzeugen Sie unter dem Arbeitsdatum des 02.02. aus dem Angebot einen Auftrag!

(8) Begründen Sie, ob der Kaufvertrag mit der Weber KG rechtlich bereits durch den Telefonanruf oder erst mit einer Auftragsbestätigung zustande kommt!

(9) Am 03.02. meldet sich Herr Kern von der Bauland AG wegen unseres abgegebenen Angebotes vom 20.01. am Telefon. Während die angebotenen Akku-Bohrschrauber wie angeboten mit 20 % Rabatt geliefert werden können, musste nach zähen Verhandlungen der Rabatt für den Artikel Schlagbohrmaschine auf 30 % erhöht werden, um den Auftrag insgesamt bei rascher Lieferung zu erhalten. Die Lieferung wurde für den 09.02. zugesagt.

Nehmen Sie unter dem Arbeitsdatum des 03.02. im „Angebotskopf" und bei der betreffenden Angebotsposition die entsprechende Aktualisierung vor und erzeugen Sie aus dem Angebot einen Auftrag!

(10) Auf wie viel Prozent beläuft sich der Rabatt bei diesem Auftrag insgesamt?

(11) Erläutern Sie, welche Auswirkung die Rabatterhöhung auf Umsatzerlös, Umsatzsteuer, Handelswarenaufwand, Lagermenge und Rohgewinn haben wird!

3. **Lieferung und Ausgangsrechnung**

(Anfrage) > Angebot > Auftrag > Lieferung + Rechnung > (Gutschrift) > Zahlung

Am 09.02. liefert die HWR GmbH den Auftrag mit nachfolgender Rechnungsstellung an die Bauland AG aus:

Es gibt immer was zu tun...

HWR GmbH – Hobby – Werken – Renovieren

Wir machen Sie zu Profis!

HWR GmbH

*Hobby * Werken * Renovieren*

HWR GmbH * Im Industriegebiet 20 * 72336 Balingen

Bauland AG
Postfach 4366
89584 Ehingen

Name	
Telefon	07433 9123-65
Fax	07433 9123-66
E-Mail	info@hwr.de
Home	www.hwr.de
Bank	Sparkasse Zollernalb
BIC:	SOLADES1BAL
IBAN:	DE47 6535 1260 0024 9991 11
Kunden-Nr.	24002
Bestell-Nr.	
Auftrag Nr.	22020
Datum	09.02.20..

Rechnung Nr.: 25516

Sehr geehrte Damen und Herren,

aufgrund Ihres Auftrages stellen wir Ihnen folgende Artikel in Rechnung:

Artikel-Nr.	Bezeichnung	Menge	Einheit	E-Preis / €	Rabatt %	MwSt %	G-Preis / €
221076	Akku-Bohrschrauber	200	Stück	54,90	20	19	8.784,00
221078	Schlagbohrmaschine	75	Stück	139,50	30	19	7.323,75
					Warenwert		**16.107,75**
					19% MwSt.		3.060,47
					Rechnungsbetrag		**19.168,22**

Zahlungsbedingung 14 Tage 3% Skonto oder 60 Tage Ziel
Lieferbedingung frei Haus

Wir bedanken uns für Ihren Auftrag

(1) Erläutern Sie, welche Auswirkung die Auslieferung des Auftrages im Lager (Artikel- bzw. Lagerhaltungsdatenkarte) hervorruft!

(2) Geben Sie die Buchung für die obige Ausgangsrechnung an, die im ERP-System automatisch vorgenommen wird!

Bearbeitungshinweis:

Beachten Sie, dass dem Umsatzerlös aus dem Handelswarenverkauf sofort bei jedem Verkaufsvorgang der Lagerabgang der einzelnen Artikel als Wareneinsatz mit einer Handelswarenaufwandsbuchung gegenübergestellt wird. Das integrierte Warenwirtschaftssystem liefert hierzu mengen- und wertmäßig die entsprechenden Zahlen. Aus der Differenz zwischen Handelswarenerlös und Handelswarenaufwand ergibt sich sofort bei jedem Verkaufsgeschäft der sogenannte Warenrohgewinn.

(3) Erzeugen Sie aus dem Auftrag der Bauland AG über die Schaltflächen *Buchen / Buchen* eine Lieferung und Rechnung!

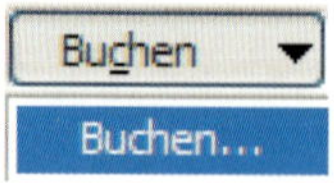

Lassen Sie sich für die Lieferung und Rechnungsstellung (Fakturierung) vom System auch die Belege ausdrucken!

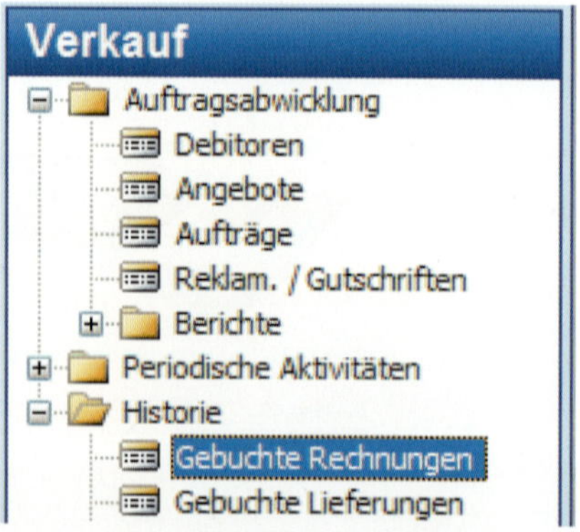

(4) Öffnen Sie in der *Finanzbuchhaltung* den Menüpunkt *Journale* und analysieren und vergleichen Sie die Buchungen unter LWERTBUCH (Lagerwertbuch) und VERKAUF mit Ihren Buchungen aus Aufgabe 2!

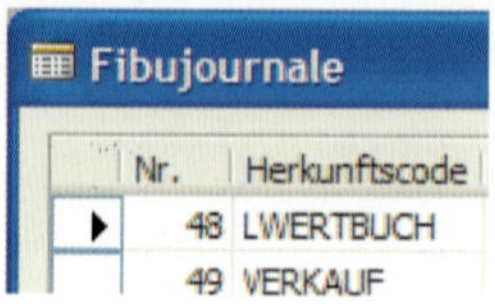

Bearbeitungshinweis:

Alternativ zum Journal lassen sich die Buchungen auch im Kontenplan über die Schaltflächen *Saldo / Saldo* analysieren. Setzen Sie als Datumsfilter den Tag der Rechnung, um gezielt nur diese Buchungen angezeigt zu bekommen!

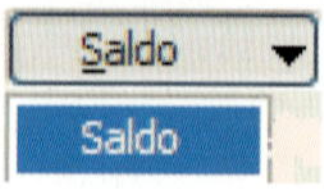

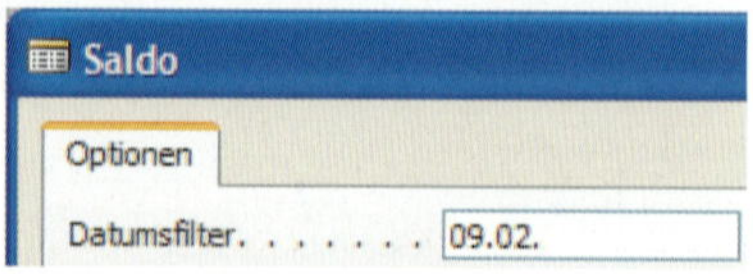

(5) Ermitteln Sie aus den Zahlen der Buchungen den Handelswarenrohgewinn aus diesem Kundenauftrag!

(6) Am 10.02. wurden die Aufträge der Kunden Baupraktiker GmbH und Heimwerkermarkt GmbH mit gleichzeitiger Rechnungsstellung ausgeliefert. Nehmen Sie die entsprechenden Arbeiten im System vor!

4. **Rücksendung und Verkaufsgutschrift**

Am 13.02. ruft Herr Anger von der Baupraktiker GmbH wegen der Rechnung Nr. 25517 an. Durch ein innerbetriebliches Versehen seien vom Artikel Nr. „221035 Gummihammer 230 g" 200 Stück statt 100 Stück bestellt worden. Seiner Bitte um Rücknahme und Gutschrift von 100 Stück hat die HWR GmbH aus Kulanzgründen entsprochen. Am 15.02. traf die Rücklieferung in der HWR GmbH ein.

(1) Erläutern Sie, welche Auswirkung bzw. Veränderung die Gutschrift in der Finanzbuchhaltung und in der Lagerwirtschaft haben wird!

(2) Rufen Sie im System die gebuchte Rechnung auf und ermitteln Sie manuell den sich ergebenden Gutschriftbetrag!

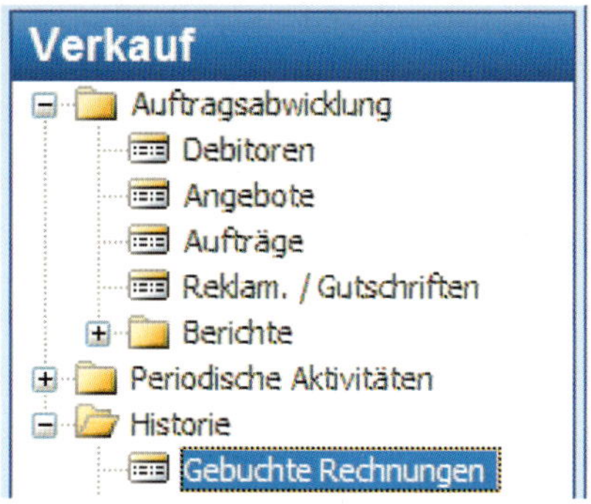

(3) Erstellen und buchen Sie unter dem Arbeitsdatum des 15.02. die Gutschrift im System und drucken Sie die Gutschrift aus!

Bearbeitungshinweis:

Eine Gutschrift mit Artikelrückgabe (mengen- und wertmäßige Gutschrift) erfolgt über den Menüpunkt *Gutschriften.* Steht der Cursor im Feld *Gutschrift Nr.* der Gutschriftmaske, erhalten Sie über die *Enter*-Taste einen Vorschlag für die Gutschriftnummer.

Anschließend ist über die Schaltflächen *Funktion / Beleg kopieren* am unteren Bildschirmrand die gebuchte Rechnung aufzurufen, auf die eine Gutschrift erteilt werden soll.

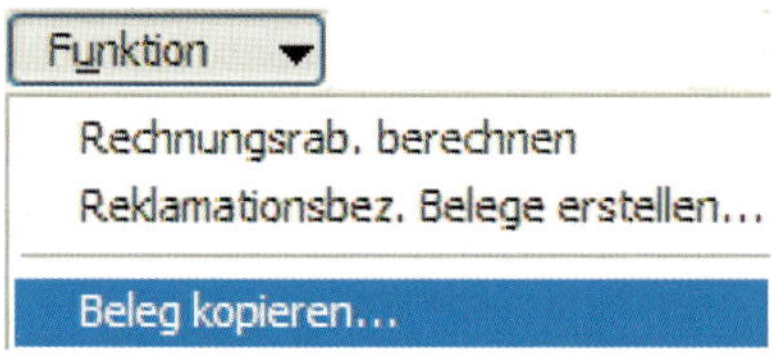

4 Hahn - ISBN 978-3-8120-0581-4

Durch das Setzen des Häkchens in der vorigen Abbildung werden die Adressdaten und der Inhalt der gebuchten Rechnung in die Gutschrift übernommen. Die von der Gutschrift nicht betroffenen Positionen (Zeilen) sind zu löschen, während betroffene Positionen entsprechend mit der Rücksendungsmenge zu korrigieren sind.

(4) Bilden Sie die Buchungssätze für die obige Gutschrift, die im ERP-System automatisch vorgenommen werden!

(5) Überprüfen bzw. vergleichen Sie im Modul *Finanzbuchhaltung* in *Journale* die Buchungen unter LWERTBUCH (Lagerwertbuch) und VERKAUF mit Ihren Buchungen aus der vorigen Aufgabe!

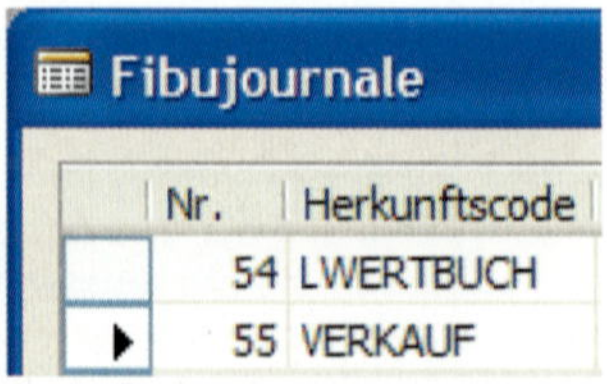

5. **Zahlungseingang**

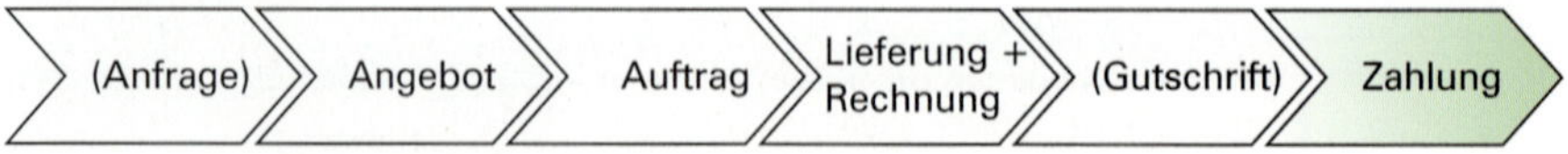

Die HWR GmbH erhielt von ihrer Hausbank nachfolgenden Kontoauszug.

SPARKASSE ZOLLERNALB	**Auszug 7**	**IBAN: DE47 6535 1260 0024 9991 11**		
	Alter Kontostand vom 18.02.		EUR	118.774,85+
Tag	**Text**	**Wert**	**Belastung**	**Gutschrift**
22.02	BAULAND AG, KD-NR 24002 R-NR 25516 ABZÜGL. SKONTO	22.02		18.593,17
23.02	BAUPRAKTIKER GMBH, KD-NR 24003, R-NR 25517, ABZÜGL. GUTSCHRIFT NR 28001 UND SKONTO	23.02		1.554,70
23.02	HEIMWERKERMARKT GMBH, KD-NR 24001 R-NR 25487, 25492, 25501, 25508	23.02		31.550,00
	Neuer Kontostand vom 23.02.			170.472,72+
++++	**NEUER ZINSSATZ SEIT 15.01. 10,75%**			

(1) Prüfen Sie die sachliche und rechnerische Richtigkeit des Zahlungseinganges vom Kunden Bauland AG anhand der weiter vorne abgebildeten Ausgangsrechnung!

(2) Geben Sie den Buchungssatz an, der sich durch den Zahlungseingang von der Bauland AG ergibt!

(3) Ermitteln Sie, ob es für den Kunden Bauland AG von Vorteil war, die Rechnung mit Skontoabzug zu zahlen, wenn sie dazu den Kontokorrentkredit ihrer Bank zum im Kontoauszug genannten Zinssatz in Anspruch genommen hat!

(4) Stellen Sie rechnerisch dar, wie sich der Zahlungsbetrag der Baupraktiker GmbH ergibt!

Bearbeitungshinweis:

Lassen Sie sich zur Bearbeitung der Aufgabe die entsprechenden Belege am Bildschirm anzeigen.

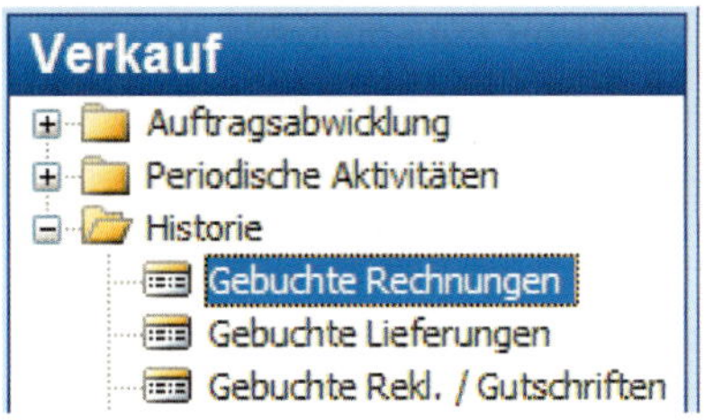

Einen Überblick über die noch zu zahlenden Rechnungen („offene Posten") eines Kunden erhält man sehr schnell auch über das Register *Allgemein* der betreffenden Debitorenkarte.

Über die Pfeilschaltfläche des Betragsfeldes *Saldo* öffnet sich im Weiteren die Anzeige der offenen Posten.

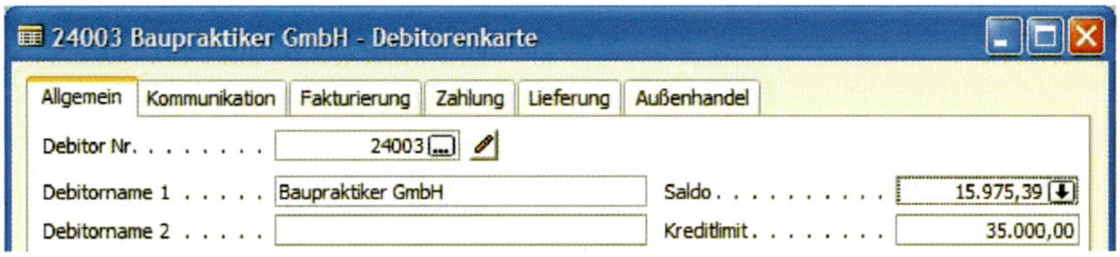

(5) Laut Kontoauszug hat die Heimwerkermarkt GmbH vier Rechnungen beglichen. Der glatte Überweisungsbetrag lässt jedoch vermuten, dass die Heimwerkermarkt GmbH zu ihren Gunsten „gerundet" hat.

Stellen Sie fest, ob die Vermutung zutrifft und ermitteln Sie gegebenenfalls den Differenzbetrag!

(6) Erläutern Sie, wovon Sie es abhängig machen würden, dass bei unberechtigten Abzügen auf eine Nachforderung verzichtet werden soll und treffen Sie gegebenenfalls im vorliegenden Fall eine entsprechende Entscheidung!

(7) Erfassen Sie über das Fibu-Buchungsblatt den Zahlungsausgleich „offener Posten" des Kontoauszuges.

Bearbeitungshinweis:

Passen Sie an Ihrem Arbeitsplatz bei abweichender Spaltenanzeige die Buchungsmaske gegebenenfalls an die nachfolgende Darstellung an.

Erfassen Sie die Buchungszeile soweit, bis der Cursor im Feld *Ausgleich-Belegnr.* steht!

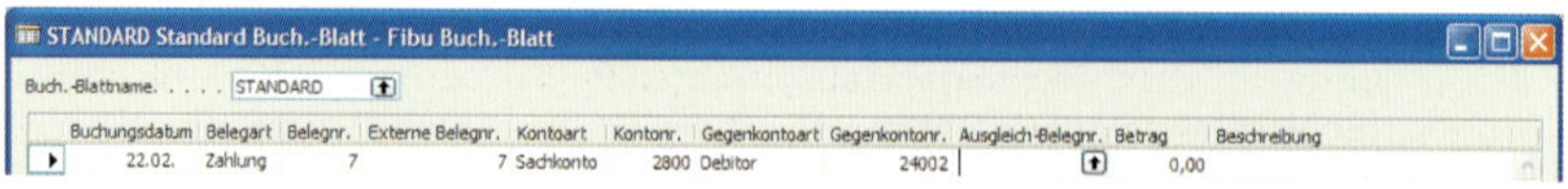

STANDARD Standard Buch.-Blatt - Fibu Buch.-Blatt

Buch.-Blattname. . . . . STANDARD

Buchungsdatum	Belegart	Belegnr.	Externe Belegnr.	Kontoart	Kontonr.	Gegenkontoart	Gegenkontonr.	Ausgleich-Belegnr.	Betrag	Beschreibung
22.02.	Zahlung	7	7	Sachkonto	2800	Debitor	24002		0,00	

Verzweigen Sie nun über die Pfeilschaltfläche in diesem Feld in die Ansicht *Debitorenpostenausgleich!*

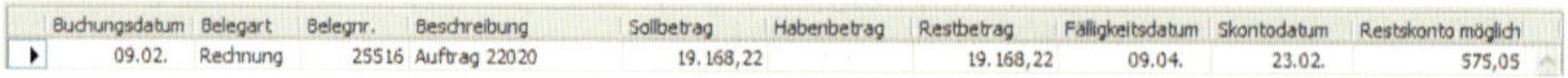

Buchungsdatum	Belegart	Belegnr.	Beschreibung	Sollbetrag	Habenbetrag	Restbetrag	Fälligkeitsdatum	Skontodatum	Restskonto möglich
09.02.	Rechnung	25516	Auftrag 22020	19.168,22		19.168,22	09.04.	23.02.	575,05

Markieren Sie den auszugleichenden offenen Posten und übernehmen Sie ihn über die Schaltfläche *OK* in das Betragsfeld der Buchungszeile!

STANDARD Standard Buch.-Blatt - Fibu Buch.-Blatt

Buch.-Blattname. . . . . STANDARD

Buchungsdatum	Belegart	Belegnr.	Externe Belegnr.	Kontoart	Kontonr.	Gegenkontoart	Gegenkontonr.	Ausgleich-Belegnr.	Betrag	Beschreibung
22.02.	Zahlung	7	7	Sachkonto	2800	Debitor	24002	25516	18.593,17	Überw. von Bauland AG

Nun muss überprüft werden, ob der Betrag laut Kontoauszug mit dem vom System vorgeschlagenen Betrag übereinstimmt. Sollte dies nicht der Fall sein, wäre der vorgeschlagene Betrag durch den tatsächlichen Betrag laut Kontoauszug zu ersetzen. Liegt der Betrag innerhalb einer im Programm eingestellten Toleranzspanne, so würde das System anschließend abfragen, wie mit der Differenz verfahren werden soll, andernfalls bleibt ein offener Posten als Restbetrag zurück.

Werden mit einer Zahlung mehrere offene Posten ausgeglichen, so ist der Ausgleich in Form eines zusammengesetzten Buchungssatzes über mehrere Buchungszeilen entsprechend zu erfassen.

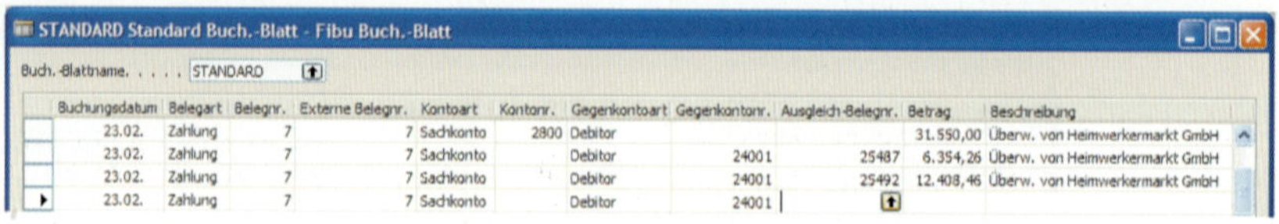

STANDARD Standard Buch.-Blatt - Fibu Buch.-Blatt

Buch.-Blattname. . . . . STANDARD

Buchungsdatum	Belegart	Belegnr.	Externe Belegnr.	Kontoart	Kontonr.	Gegenkontoart	Gegenkontonr.	Ausgleich-Belegnr.	Betrag	Beschreibung
23.02.	Zahlung	7	7	Sachkonto	2800	Debitor			31.550,00	Überw. von Heimwerkermarkt GmbH
23.02.	Zahlung	7	7	Sachkonto		Debitor	24001	25487	6.354,26	Überw. von Heimwerkermarkt GmbH
23.02.	Zahlung	7	7	Sachkonto		Debitor	24001	25492	12.408,46	Überw. von Heimwerkermarkt GmbH
23.02.	Zahlung	7	7	Sachkonto		Debitor	24001			

Vor dem Buchen der erfassten Zahlungsvorgänge im Buchungsblatt sollte eine Kontoabstimmung erfolgen. Hierbei kann abgeglichen werden, ob die erfassten Zahlungsvorgänge in der Finanzbuchhaltung zum gleichen Kontostand führen wie im Bankkontoauszug ausgewiesen. Bei Abweichungen sind die erfassten Buchungen nochmals zu überprüfen. Hierdurch lassen sich spätere Korrekturbuchungen vermeiden.

Führen Sie eine Kontoabstimmung durch und buchen Sie anschließend die erfassten Zahlungsvorgänge über die Schaltflächen *Buchen / Buchen* in das System ein!

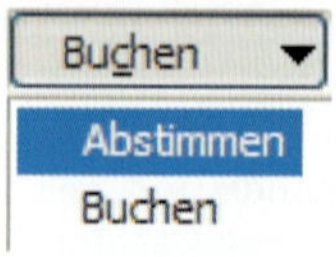

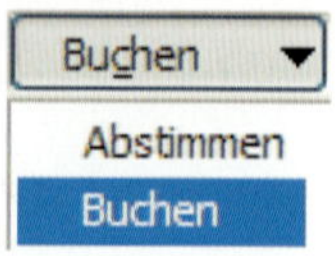

(8) Analysieren Sie die Systembuchungen in der Finanzbuchhaltung unter Journale und vergleichen Sie diese mit Ihren manuellen Buchungen!

Übungsaufgabe – Vermischte Aufgaben

12 1. Bringen Sie die nachfolgend aufgeführten Belege aus einem Verkaufsprozess in die richtige sachlogische Reihenfolge!

Rechnung, Kundenanfrage, Kontoauszug, Angebot, Lieferschein, Bestellung des Kunden.

2. In der Finanzbuchhaltung sind im laufenden Jahr die Umsätze der bis zum 18.02. abgewickelten Kundenaufträge und die Zahlungen bis 23.02. erfasst.

(1) Stellen Sie im Kontenplan der Finanzbuchhaltung fest, welcher tatsächliche Umsatz erzielt wurde!

(2) Überprüfen Sie, ob die dort auch ausgewiesene Umsatzsteuer rechnerisch korrekt ist!

(3) Mit welchem Jahresumsatz könnte die HWR GmbH rechnen, wenn sich die Umsätze so weiterhin gleichmäßig und kontinuierlich über das Jahr hinweg entwickeln?

(4) Mit welcher Jahresgewinnerwartung kann die HWR GmbH rechnen, wenn aus der Erfahrung der Vergangenheit ca. 8 % des Umsatzes als Gewinn im Unternehmen verbleiben?

3. (1) Stellen Sie im Modul *Lager* anhand der Berichte *Artikel – Top 10 Liste* oder *Lager – Verkaufsstatistik* fest, welche drei Artikel bislang den größten Umsatzanteil haben!

(2) Welchen prozentualen Umsatzanteil haben diese Artikel am bisherigen Gesamtumsatz?

(3) Stellen Sie im Modul *Verkauf / Auftragsabwicklung* anhand des Berichtes *Debitor – Top 10 Liste* fest, mit welchen drei Kunden im laufenden Jahr der größte Umsatz getätigt wurde!

Bearbeitungshinweis:
Geben Sie unter dem Datumsfilter den Zeitraum ein. Anstelle von „xx" ist die entsprechende Jahreszahl einzugeben. Das Anfangsdatum und das Enddatum wird durch „.." (zwei Punkte) getrennt.

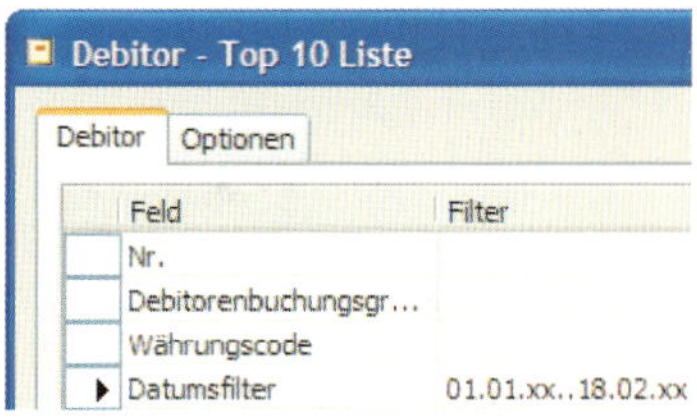

(4) Welchen prozentualen Umsatzanteil haben diese Kunden am bisherigen Gesamtumsatz?

(5) Nennen Sie Möglichkeiten, wie die HWR GmbH den Umsatz mit anderen Kunden steigern könnte!

4. (1) Ermitteln Sie im Modul *Lager* über den Bericht *Aktuellen Lagerwert ermitteln*, welcher Lagerbestandswert im Lager vorhanden ist und welcher Artikel momentan (18.02.) am meisten Kapital bindet!

(2) Welchen prozentualen Anteil am Gesamtlagerwert nimmt dieser Artikel ein!

(3) Welchen Betrag an jährlichen Zinskosten würde der Artikel verursachen, wenn der jetzige Lagerbestand dem Jahresdurchschnitt entspräche und der Kontokorrentkreditzinssatz der Bank (siehe Kontoauszug) zugrunde gelegt würde?

(4) Nennen Sie mögliche Gründe, für die hohe Lagerhaltung bei diesem Artikel!

5. (1) Der Kunde Hahn & Widmann OHG hat am 23.02. telefonisch wegen einer möglichen Bestellung von 100 Stück des Artikels „Profi-Werkzeugkoffer“ um ein Angebot gebeten. Der Preis des Artikels sollte maximal 24,00 EUR/St betragen.

Wie viel Prozent Rabatt müsste dem Kunden auf den Listenpreis dieses Artikels eingeräumt werden, um seiner Preisvorstellung gerecht zu werden?

(2) Erfassen Sie unter dem Arbeitsdatum des 23.02. ein Angebot für den Kunden mit dem entsprechenden (gerundeten) Rabattsatz!

(3) Folgender Belegauszug wird Ihnen zur weiteren Bearbeitung vorgelegt:

Nehmen Sie im System den entsprechenden Arbeitsschritt vor!

Hobby-Center GmbH

Talgangstr. 27, 72458 Albstadt, Tel.: 07431 483531, Fax: 07431 47155

Hobby-Center GmbH *Talgangsttr. 27 * 72458 Albstadt

HWR GmbH
Im Industriegebiet 20
72336 Balingen

E-Mail: kontakt@hobby-center.de
Internet: www.hobby-center.de

Datum: 23.02. 20..

Bestellung Nr. 48153

Sehr geehrte Damen und Herren,

aus Ihrem Sortiment bestellen wir zur schnellstmöglichen Lieferung folgende Artikel:

Art.-Nr.	Text	Menge	Einzelpreis/ME
221015	Flachzange	250	6,90
221039	Rollbandmaß	300	2,20
221043	Schraubstock	100	49,90

Lieferung möglichst bis 28.02. ..

(4) Der Auftrag der Kurz GmbH wird auf Wunsch des Kunden am 24.02. abgewickelt.

Nehmen Sie im System die entsprechenden Arbeiten vor und geben Sie an, welche Buchungen im System erzeugt werden!

(5) Der Kunde Hahn & Widmann OHG bestellt am 25.02. entsprechend dem abgegebenen Angebot. Lieferung soll am 28.02. erfolgen. Bezogen auf den ursprünglichen Listenverkaufspreis hat die HWR GmbH an diesem Artikel bisher durchschnittlich einen Gewinn von 30 % erzielt. (Handlungskostenzuschlag 25 %)

Ermitteln Sie, ob bei diesem Auftrag noch Gewinn erzielt wird und führen Sie den entsprechenden Arbeitsschritt im System durch!

(6) Am 25.02. werden der Auftrag der Weber KG und am 28.02 die Aufträge der Kunden Hobby-Center GmbH und Hahn & Widmann OHG abgewickelt.

Nehmen Sie im System die entsprechenden Arbeiten vor!

(7) Im Kontoauszug Nr. 8 sind folgende Zahlungseingänge von Kunden enthalten:

SPARKASSE ZOLLERNALB **Auszug 8** **IBAN: DE47 6535 1260 0024 9991 11**

Tag	Text	Wert	Belastung	Gutschrift
	Alter Kontostand vom 23.02.		EUR	170.472,72+
01.03	WEBER KG, KD-NR 24004, R-NR 25494, 25498	01.03		12.450,00
03.03	KURZ GMBH, KD-NR 24005, R-NR 25519, ABZÜGL. SKONTO	03.03		2.499,35
	Neuer Kontostand vom 03.03.			185.422,07+
++++	**NEUER ZINSSATZ SEIT 15.01. 10,75%**			

Prüfen Sie die sachliche und rechnerische Richtigkeit der Zahlungseingänge und treffen Sie im Falle von Differenzen eine begründete Entscheidung!

Erfassen und buchen Sie anschließend die Zahlungseingänge im System!

(8) Unsere Zahlungsverpflichtungen gegenüber Lieferanten sind bereits alle zur Zahlung fällig. Es sind auch schon Mahnungen eingegangen. Prüfen Sie, ob wir in der Lage sind, den Zahlungsverpflichtungen nachzukommen, wenn wir erwarten, dass in den folgenden zwei Wochen unsere Kunden ca. 20 % der offenen Rechnungsbeträge zahlen!

(9) Nennen Sie mögliche Maßnahmen, die unsere Zahlungsfähigkeit verbessern könnten!

(10) Geben Sie den Sachverhalt an, der zur nachfolgenden Journalbuchung geführt hat!

Buchungsdatum	Belegart	Belegnr.	Sachkontonr.	Sollbetrag	Habenbetrag
03.02.	Zahlung	8	5012	272,62	
03.02.	Zahlung	8	4800	51,80	
03.02.	Zahlung	8	2800	10.489,71	
03.02.	Zahlung	8	2400		10.814,13

6. Umsatzsteuerabrechnung und Umsatzsteuervoranmeldung: Der Unternehmer hat grundsätzlich binnen 10 Tagen nach Ablauf jedes Kalendermonats (Voranmeldezeitraum) eine monatliche Umsatzsteuervoranmeldung und nach Ablauf des Kalenderjahres (Besteuerungszeitraum) eine Jahresumsatzsteuererklärung jeweils mit amtlichen Vordruck auf elektronischem Weg dem Finanzamt zu übermitteln. Die monatlichen Voranmeldungen stellen somit eine Abschlags- bzw. Vorauszahlung auf die Jahresumsatzsteuerschuld dar.

Die Umsatzsteuerzahllast (oder gegebenenfalls den Vorsteuer-Erstattungsanspruch) für den Voranmeldezeitraum muss der Unternehmer aus den Unterlagen seiner Buchführung selbst ermitteln, was bei Einsatz einer Software das Programm vornimmt.

(1) Erläutern Sie, wie sich rechnerisch die Umsatzsteuerzahllast eines Betriebes ergibt!

(2) Geben Sie mögliche Gründe an, wie sich ein Vorsteuer-Erstattungsanspruch des Betriebes gegenüber dem Finanzamt ergeben kann!

(3) Die HWR GmbH hat für den Monat Januar noch keine Umsatzsteuerabrechnung und Umsatzsteuervoranmeldung vorgenommen.

In der Finanzbuchhaltung kann man sich über den Kontenplan, die aufgelaufenen Umsatzsteuer- und Vorsteuerbeträge auf den betreffenden Konten anzeigen lassen. Da auf den Konten auch bereits Steuerbeträge aus dem Monat Februar enthalten sind, kann man über die Schaltflächen *Saldo / Saldo* durch Setzen eines Datumsfilters lediglich die im Monat Januar aufgelaufenen Beträge anzeigen lassen, wie die folgende Abbildung zeigt.

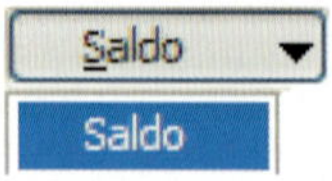

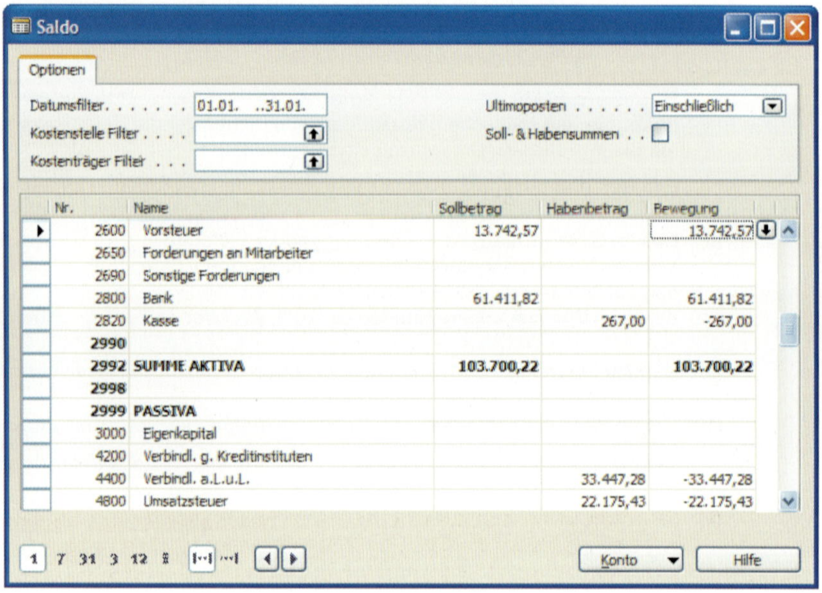

Nr.	Name	Sollbetrag	Habenbetrag	Bewegung
2600	Vorsteuer	13.742,57		13.742,57
2650	Forderungen an Mitarbeiter			
2690	Sonstige Forderungen			
2800	Bank	61.411,82		61.411,82
2820	Kasse		267,00	-267,00
2990				
2992	**SUMME AKTIVA**	**103.700,22**		**103.700,22**
2998				
2999	**PASSIVA**			
3000	Eigenkapital			
4200	Verbindl. g. Kreditinstituten			
4400	Verbindl. a.L.u.L.		33.447,28	-33.447,28
4800	Umsatzsteuer		22.175,43	-22.175,43

Geben Sie an, ob sich aufgrund der angezeigten Steuerbeträge eine Umsatzsteuerzahllast oder ein Vorsteuer-Erstattungsanspruch für den Monat Januar gegenüber dem Finanzamt ergibt!

(4) Übernehmen Sie die Beträge für die Vor- und Umsatzsteuer in die nachfolgende Kontendarstellung und führen Sie in folgenden Schritten buchhalterisch die Umsatzsteuerabrechnung durch:

❶ Verrechnen Sie buchhalterisch die Vorsteuer mit der Umsatzsteuer!

❷ Weisen Sie buchhalterisch die Zahllast als Verbindlichkeit gegenüber dem Finanzamt aus, sodass nach diesem Buchungsvorgang auch das Umsatzsteuerkonto „abgerechnet", also ausgeglichen ist!

❸ Stellen Sie im Kontenbild die Buchung dar, die sich ergibt, wenn die ans Finanzamt bezahlte Umsatzsteuerzahllast im Folgemonat auf dem Bankkonto belastet wird!

S	2600 Vorsteuer	H

S	4800 Umsatzsteuer	H

S	2800 Bank	H

S	4830 Verb. g. Finanzbeh.	H

(5) Fassen Sie die Buchungsschritte in der vorigen Aufgabe unter ❶ und ❷ zu einer Buchung zusammen und geben Sie dazu den zusammengesetzten Buchungssatz an!

(6) Führen Sie im System in der *Finanzbuchhaltung* über den Menüpunkt *Periodische Aktivitäten* die Mehrwertsteuerabrechnung durch!

Lassen Sie sich in der *MwSt-Abrechnung* zunächst für den Monat Januar über die Schaltflächen *Funktion / Drucken* (Startdatum 01.01.) die Umsatzsteuervoranmeldung ausdrucken!

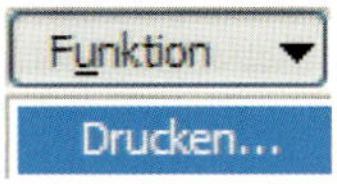

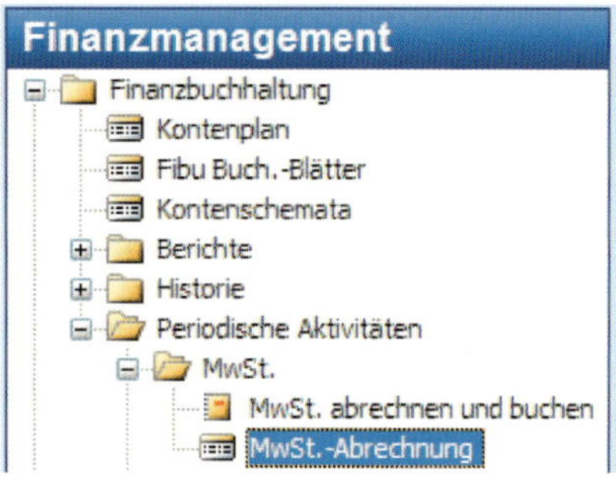

(7) Führen Sie die Funktion *MwSt abrechnen und buchen* durch!

Nehmen Sie im Register *Optionen* die entsprechenden Einstellungen für den Monat Januar vor. Das Ausgleichskonto für die Umsatzsteuerzahllast ist wie in Aufgabe (4), das Konto „4830 Verb. geg. Finanzbehörden"!

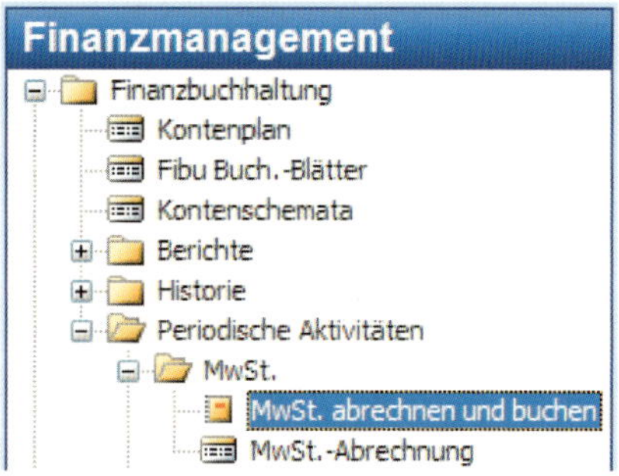

(8) Schaut man im Anschluss an die Mehrwertsteuerabrechnung in den Kontenplan, so zeigt sich, dass das Konto „2600 Vorsteuer" ausgeglichen ist, nicht jedoch das Konto „4800 Umsatzsteuer". Welche Erklärungsursache gibt es hierfür?

(9) Erstellen Sie im System analog zum Monat Januar die Umsatzsteuervoranmeldung für den Monat Februar und führen Sie die Mehrwertsteuerabrechnung und -buchung durch!

2.2 Einkaufsprozess

2.2.1 Grundlagen und Basisdaten

Situation

Die HWR GmbH als Handels- und Endmontagebetrieb für Artikel aus dem Bereich Hobby, Werken und Renovieren hat ein umfangreiches Handelswarensortiment.

Durch entsprechende Lagerhaltung bei diesen Artikeln ist bisher auch stets eine hohe Lieferfähigkeit gewährleistet. Um dem Problem der hohen Lagerhaltungskosten zu begegnen, ist man in der HWR GmbH bestrebt, durch entsprechende Bestelldisposition die Lagerbestände insbesondere bei Artikeln mit kürzerer Wiederbeschaffungszeit möglichst niedrig zu halten.

In der HWR GmbH ist auch der Beschaffungsbereich in das integrierte ERP-System eingebunden, mit dessen Hilfe Sie die aus Kundenaufträgen ergebende Lagerbestands- und Bestelldisposition sowie die übrigen anfallenden Arbeitsaufträge im Rahmen des betrieblichen Beschaffungsprozesses durchführen sollen.

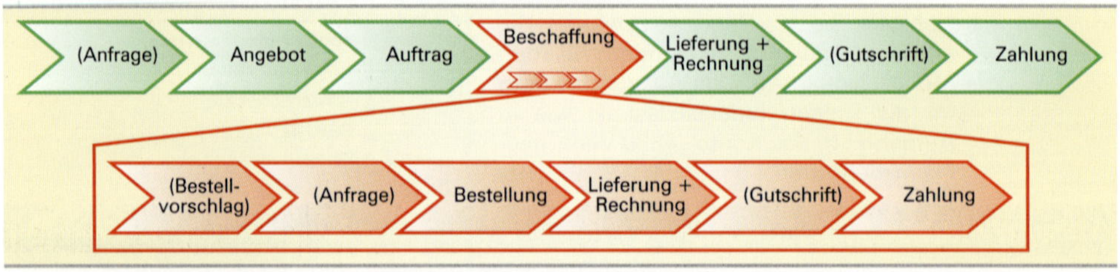

Die wesentlichen Daten zum Beschaffungsprozess sind in den einzelnen Menüpunkten der entsprechenden Module des ERP-Informationssystems bereits vorhanden oder werden im Rahmen der Prozessabwicklung erzeugt.

<table>
<tr><th>Modul/Menüpunkt</th><th>Daten</th></tr>
<tr><td>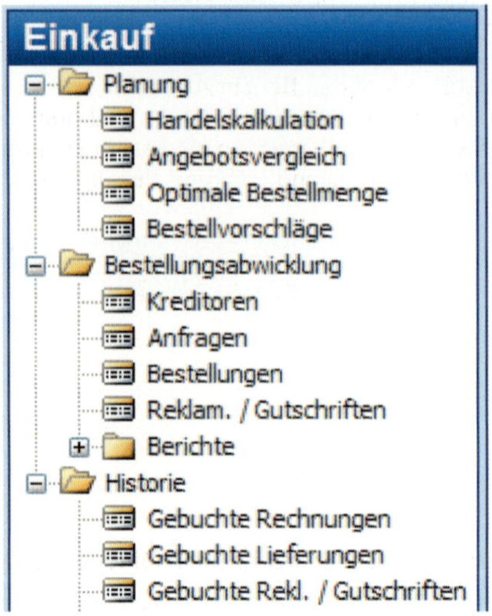
</td><td>– Bezugskalkulation
– Rechnerischer Angebotsvergleich
– Bestelldisposition
– Lieferantenverzeichnis (Kreditoren)

– Offene Kreditorenposten
– Zahlungsbedingung
– Lieferungsbedingung
– Datenerfassung der einzelnen Prozessschritte</td></tr>
</table>

Modul/Menüpunkt	Daten
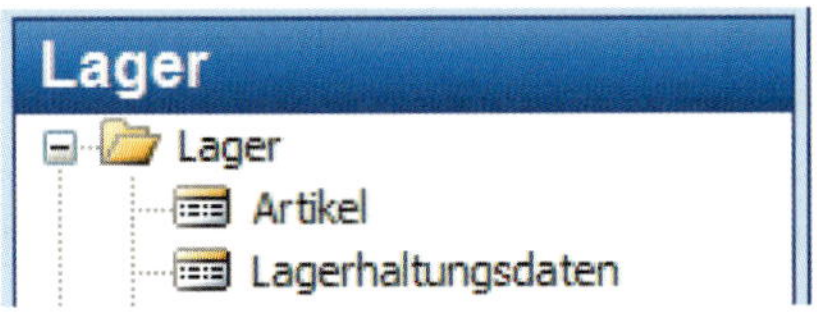	– Lagerbestand – Verkaufspreise – Einkaufspreise – Bezugsquellen
	– Kontenplan mit Anzeige der Kontenstände – Ausgleich offener Kreditorenposten – Journale über die Buchungen in der Finanz- und Lagerbuchhaltung

Übungsaufgabe

13 1. Die HWR GmbH hat ein umfangreiches Handelswarenlager. Dies ermöglicht bei den meisten Kundenaufträgen eine sofortige Lieferfähigkeit aus dem vorhandenen Bestand heraus. Jedoch die anfallenden Lagerzinskosten und die hohe Kapitalbindung für den kreditfinanzierten Lagerbestand werden für die HWR GmbH zunehmend zu einem Problem.

(1) Berechnen Sie, welcher Lagerzinskostenbetrag bei der HWR GmbH pro Tag anfällt, wenn der Lagerbestand mit einem Kreditzinssatz von 7,5 % fremdfinanziert ist!

Bearbeitungshinweis:

Rufen Sie im Modul *Lager* über Menüpunkt *Berichte* den Bericht *Aktuellen Lagerwert ermitteln* auf! Im Register *Optionen* ist das Datum einzustellen (31.01.), zu dem der Lagerwert festgestellt werden soll. Nehmen Sie an, der Lagerwert zu diesem Zeitpunkt würde auch in etwa dem durchschnittlichen Lagerbestand während des Jahres entsprechen.

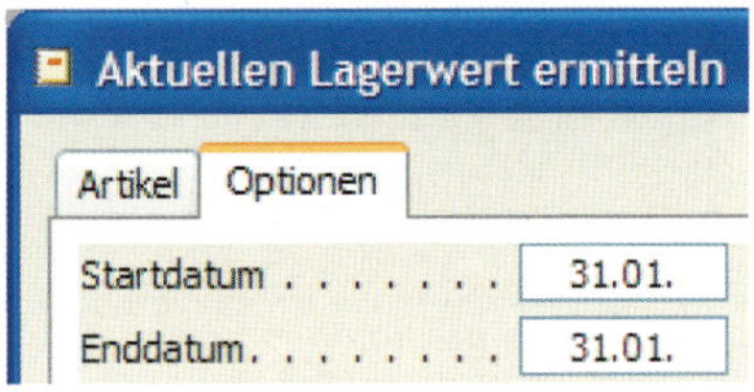

(2) Erläutern Sie Faktoren, die zu einer Verringerung der Lagerzinskosten führen könnten!

(3) Nennen Sie weitere Kostenarten, die im Zusammenhang mit der Lagerhaltung anfallen können!

2. Im ERP-System ist bereits ein Kundenauftrag der Hahn & Widmann OHG erfasst. Die HWR GmbH legt großen Wert auf Lieferzuverlässigkeit. Daher wird nach Eingang eines Kundenauftrages sofort geprüft, ob eine Lieferung zum vom Kunden gewünschten Termin aus dem vorhandenen Lagerbestand möglich ist und ob eventuell ein Beschaffungsprozess angestoßen werden muss.

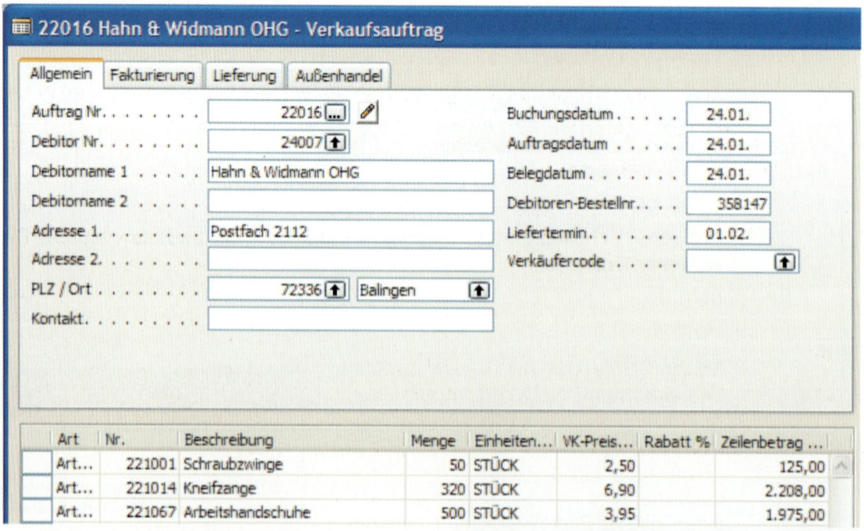

(1) Prüfen Sie anhand der Daten in den einzelnen Registern der Lagerhaltungsdatenkarte, ob mengenmäßig und zeitlich eine Lieferung zum gewünschten Termin möglich ist! (Annahme: Kalendertage = Werktage)

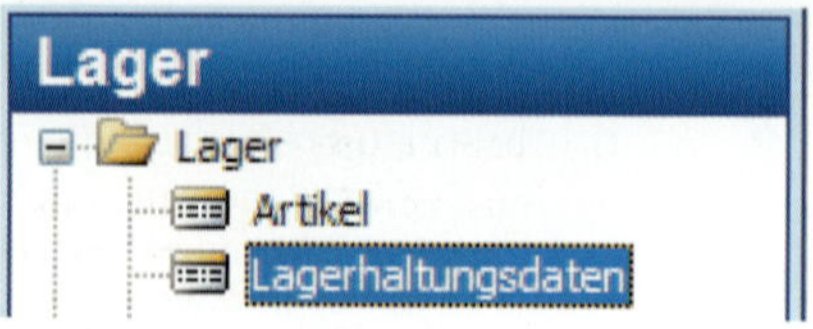

(2) Ermitteln Sie, wann im Falle einer notwendigen Artikelbeschaffung spätestens eine Bestellung zu veranlassen wäre, wenn der Besteltag nicht zur Beschaffungszeit zählt!

(3) Stellen Sie aufgrund der Angaben im Register *Planung* der Lagerhaltungsdaten beim Artikel Nr. *221014 Kneifzange* fest, welches Wiederbeschaffungsverfahren bei einer Bestellung dieses Artikels angewandt wird und beschreiben Sie dieses Wiederbeschaffungsverfahren!

(4) Ermitteln Sie beim Artikel Nr. *221014 Kneifzange*, von welchem durchschnittlichen täglichen Verbrauch bzw. Bedarf ausgegangen wird!

3. Das ERP-System unterstützt auch die Bestelldisposition.

Lassen Sie sich aufgrund des vorliegenden Kundenauftrages vom System im Modul *Einkauf* einen Bestellvorschlag erzeugen!

Bearbeitungshinweis:

Im Menüpunkt *Bestellvorschläge* wird über die Schaltfläche *Funktion / Planung berechnen* die Bestellplanungsberechnung durchgeführt. Im Fenster *Planung berechnen* ist im Register *Optionen* der Planungszeitraum anzugeben, auf den die Berechnung beschränkt werden soll.

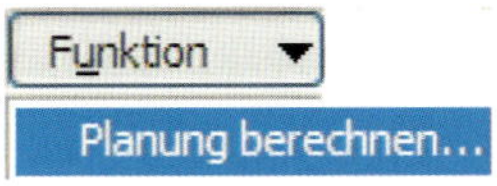

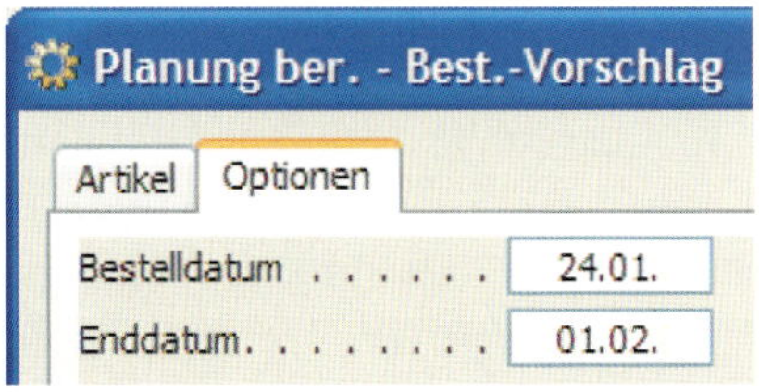

(1) Begründen Sie die angezeigten Bestellvorschlagsmengen zum angegebenen Fälligkeitsdatum (erwartetes Lieferdatum / Eintreffdatum) bei den einzelnen Artikeln in Verbindung mit den entsprechenden Dispositionsangaben in der jeweiligen Lagerhaltungsdatenkarte!

(2) Nehmen Sie an, man würde bei den vom Kunden Hahn & Widmann OHG bestellten Artikeln vom bisherigen Bestellpunktverfahren auf das bedarfsorientierte Dispositionsverfahren umstellen.

Beschreiben Sie beide Dispositionsverfahren, insbesondere auch in Bezug auf die Lagerhaltung!

(3) Stellen Sie bei den Artikeln (Nr. 221001 Schraubzwinge, Nr. 221014 Kneifzange, Nr. 221067 Arbeitshandschuhe) in der Lagerhaltungsdatenkarte das Dispositionsverfahren auf „Los-für-Los"[1] bedarfsorientiert um und lassen Sie sich einen neuen Bestellvorschlag generieren[2]!

Begründen Sie das Ergebnis des Bestellvorschlages durch rechnerischen Nachweis!

Bearbeitungshinweis:

Löschen Sie eventuell noch vorhandene Bestellvorschlagszeilen und führen Sie den Bestellvorschlag nochmals wie oben beschrieben durch!

4. Aus dem Bestellvorschlag heraus kann mit oder ohne Abänderung eine Bestellung erzeugt werden, sodass anschließend im System unter dem Menüpunkt *Bestellungen* die Bestellung hinterlegt ist.

(1) Stellen Sie im Menü *Extras* das Arbeitsdatum auf den 24.01. und erzeugen Sie im Fenster des Bestellvorschlages über Schaltflächen *Funktion / Ereignismeldung durchführen* eine Bestellung!

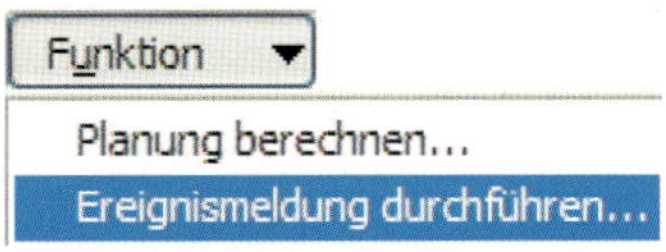

(2) Öffnen Sie im Menüpunkt *Bestellungen* die erzeugte Bestellung und begründen Sie das in der Bestellzeile angegebene Bestelldatum des Artikels unter Berücksichtigung des vom Kunden gewünschten Liefertermins und der Beschaffungszeit des Artikels!

1 Beim Wiederbeschaffungsverfahren „Los für Los" wird von mehreren Kundenaufträgen, die innerhalb einer bestimmten Zeitspanne (z.B. 1 Woche) zu erfüllen sind, der notwendige Beschaffungsbedarf zu einer Bestellung zusammengefasst.

2 Generieren: erzeugen, produzieren.

Bearbeitungshinweis:

Im „Bestellkopf" schlägt das System das aktuelle Datum (frühestes Bestelldatum) vor. Das in der Bestellzeile angegebene Bestelldatum ist der späteste Bestelltermin. Dabei zählt zur Liefer- bzw. Beschaffungszeit des Artikels der Tag der Bestellung nicht mit. Für den Transport der Ware zu den Kunden ist in der Debitorenkarte bei allen Kunden eine Transportzeit von 1 Tag vermerkt.

(3) Erläutern Sie, inwiefern auch im Register *Allgemein* der Artikel- bzw. Lagerhaltungsdatenkarte des betreffenden Artikels nun ersichtlich ist, dass eine Bestellung vorliegt!

5. Trifft die beim Lieferanten bestellte Ware mit Rechnung ein, so erfolgt im ERP-System automatisiert und integriert eine Buchung in der Finanzbuchhaltung und im Warenwirtschaftssystem (Lagerbuchhaltung) in zwei Schritten:

   1. Schritt: Zunächst wird der Rechnungsbetrag getrennt nach Nettowarenwert und Vorsteuer aufwandsrechnerisch gebucht.

   2. Schritt: Die einzelnen Artikel aus der Rechnung werden mengen- und wertmäßig in das Warenwirtschaftssystem übernommen. Da die Handelswaren Vermögen darstellen, muss der Aufwand wieder korrigiert werden.

Beispiel:

Der HWR GmbH liegt die nachfolgende Eingangsrechnung vor.

Aufgabe:

Stellen Sie den Sachverhalt auf den Konten dar!

Liebermann KG

Heimwerkerbedarf

Brahmsstr. 17, 72072 Tübingen, Tel.: 07071 483531

HWR GmbH
Im Industriegebiet 20
72336 Balingen

Rechnung-Nr.: 6293
Kunden-Nr.: 38941
Datum: 05.12.20..

Lieferschein / Rechnung

Art.-Nr.	Text	Menge	Einzelpreis	Betrag
446687	Schraubzwinge	200	1,50	300,00
86423	Gummihammer	125	4,00	500,00

Nettowarenwert	800,00
+ 19 % MwSt.	152,00
Rechnungsbetrag	952,00

Lösung:

Warenwirtschaftssystem (Lagerbuchhaltung)	FINANZBUCHHALTUNG

S	2210 Handelswaren	H
(2a) 6080 300,00		
(2b) 6080 500,00		

S	6080 Aufw. f. HW	H
(1) 4400 800,00		(2a) 2210 300,00
		(2b) 2210 500,00

Lagerzugang/Aufwandskorrektur

S	2600 Vorsteuer	H
(1) 4400 152,00		

S	4400 Verb. a. L. u. L.	H
		(1) 6080/2600 952,00

Erläuterung:

Die wertmäßige Verzahnung (Integration) zwischen dem Warenwirtschaftssystem und der Finanzbuchhaltung erfolgt über die Bestandskonten der Werkstoffe und Handelswaren. Die Bestandskonten sind somit das wertmäßige Abbild des Warenwirtschaftssystems in der Finanzbuchhaltung. Daneben sind im Warenwirtschaftssystem u.a. Bestandsdaten, Bezugsquellen, Bestelldaten, Lieferzeiten, Ein- und Verkaufspreise usw. gespeichert.

Die theoretisch naheliegende Überlegung, die Beschaffung von Werkstoffen und Handelswaren mit nur einer einzigen Buchung sofort bestandsrechnerisch – also ohne Buchung auf dem Aufwandskonto – vorzunehmen, ist in der betrieblichen Praxis nicht praktikabel. Die bestandsrechnerische Buchung unterstellt, dass der Eingang der Rechnung und die Warenlieferung komplett und zeitgleich erfolgen, was in der Praxis häufig nicht der Fall ist. Weiterhin gibt es im Unternehmen auch Artikel von wert- und mengenmäßig geringerer Bedeutung, bei denen eine Lagerbestandsführung und Artikelverwaltung zu verwaltungsaufwendig und lediglich eine Aufwandsbuchung sinnvoller ist.

(1) Die bestellten Kneifzangen sind zusammen mit der Eingangsrechnung (siehe nachfolgender Rechnungsauszug) bei der HWR GmbH eingegangen.

Geben Sie die Buchungen an, die das ERP-System beim Einbuchen der Lieferung und Rechnung automatisch vornimmt!

Liebermann KG

Heimwerkerbedarf

Brahmsstr. 17, 72072 Tübingen, Tel.: 07071 483531

Liebermann KG * Brahmsstr. 17 * 72072 Tübingen

HWR GmbH
Im Industriegebiet 20
72336 Balingen

Rechnung-Nr.: 58624
Kunden-Nr.: 38941
Datum: 31.01. ..

Lieferschein / Rechnung

Art.-Nr.	Text	Menge	Einzelpreis	Betrag
42946	Kneifzange	100	3,80	380,00

Nettowarenwert	380,00
+ 19 % MwSt.	72,20
Rechnungsbetrag	452,20

(2) Rufen Sie die Bestellung auf und ergänzen Sie im „Bestellkopf" das Buchungsdatum und die Kreditoren-Rechnungsnummer! Buchen Sie nun über die Schaltflächen *Buchen/Buchen* die eingegangene Lieferung und Rechnung ein!

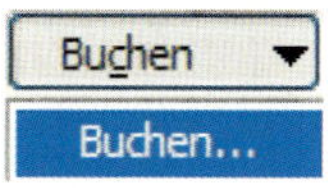

(3) Vergleichen Sie in der *Finanzbuchhaltung* in *Journale* die erzeugten Buchungen in den Journalen LWERTBUCH (Lagerwertbuch) und EINKAUF mit Ihren vorigen Buchungen!

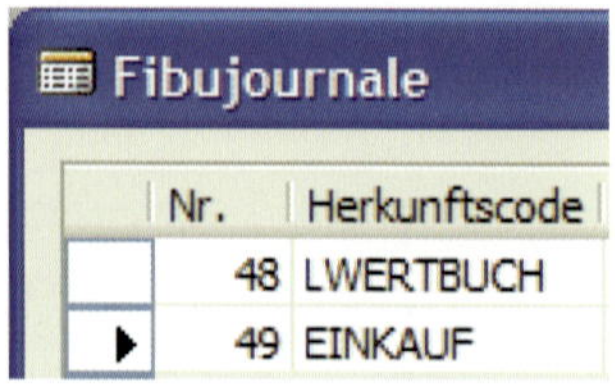

(4) Erläutern Sie, welche Änderung sich im Register *Allgemein* der Artikel- bzw. Lagerhaltungsdatenkarte des betreffenden Artikels durch die eingebuchte Lieferung ergeben hat!

(5) Am 01.02. wird der Auftrag der Hahn & Widmann OHG ausgeliefert. Erzeugen Sie aus dem Auftrag eine Lieferung und Rechnung im System!

Übungsaufgabe

14 1. Die HWR GmbH möchte eine Montagestütze in ihr Sortiment aufnehmen. Auf die Anfragen bei verschiedenen Lieferanten sind die in den nachfolgenden Anlagen auszugsweise dargestellten Angebote eingegangen.

(1) Führen Sie einen rechnerischen Angebotsvergleich durch! Gehen Sie von einer Bestellmenge von 400 Stück aus!

Bearbeitungshinweis:

Beachten Sie, dass in den Eingabefeldern der Angebotsvergleichsmaske auch Rechenvorgänge durchgeführt werden können.

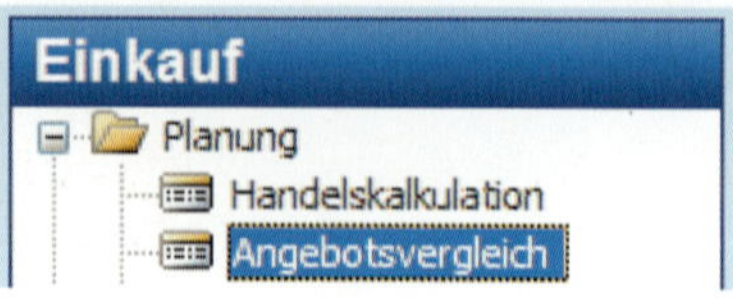

Anlage 1

KULMBACH & FORCH OHG

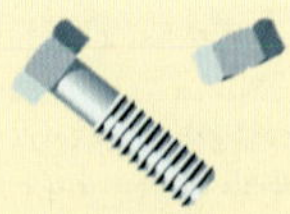

Hirschweg 14
72072 Tübingen
Tel.: 07071 483531
Fax: 07071 483532

HWR GmbH
Im Industriegebiet 20
72336 Balingen

Angebot-Nr.: 53527
Kunden-Nr.: 21536

Datum: 24.01. ..

Art.-Nr.	Artikelbezeichnung	Einzelpreis
98654	Montagestütze	49,90

Bei einer Abnahme ab 400 Stück pro Bestellung gewähren wir einen Rabatt von 5 %.
Keine Mindestabnahmemenge.
Lieferung innerhalb 5 Tagen frei Haus.
Zahlungsbedingung: 30 Tage netto oder 10 Tage 2 % Skonto.

Anlage 2

Rilling GmbH
Heimwerker-Technik

Obersteinstr. 72
88239 Wangen

Fon: 07522 423562
Fax: 07522 423552
Mail: info@rilling-gmbh.de
Internet: www.rilling-gmbh.de

HWR GmbH
Im Industriegebiet 20
72336 Balingen

Datum: **26.01. ..**
Kunden-Nr.: **38941**

Angebot Nr. 34562

Art.-Nr.	Text	Menge	Einzelpreis	Betrag
42946	Montagestütze		47,70	

Auf den Listenpreis gewähren wir 8 % Händlerrabatt.
Mindestabnahmemenge 400 Stück.
Lieferung: 5 Werktage ab Auftragseingang frei Haus
Zahlungsbedingung: 30 Tage netto.

Anlage 3

Liebermann KG
Heimwerkerbedarf

Brahmsstr. 17, 72072 Tübingen, Tel.: 07071 483531

HWR GmbH
Im Industriegebiet 20
72336 Balingen

Datum: **25.01. ..**
Kunden-Nr.: **14925**

Angebot Nr. 61254 / Ihre Anfrage v. 20.01.

Art.-Nr.	Text	Menge	Einzelpreis	Betrag
73915	Montagestütze		44,90	

Versandpauschale pro Lieferung 150,00 €.
Zahlbar innerhalb 14 Tagen mit 3 % Skonto oder 30 Tage ohne Abzug.
Mindestbestellmenge 300 Stück.
Lieferung innerhalb 10 Werktagen nach Bestellung.

(2) Erläutern Sie, welche nichtrechnerischen Kriterien man in den Angebotsvergleich noch einbeziehen könnte!

(3) Begründen Sie, ob die Lieferzeit des Lieferanten eine Auswirkung auf den Meldebestand und den Sicherheitsbestand hat.

2. Der Artikel „Montagestütze“ (siehe vorige Aufgabe) soll vom preislich günstigsten Lieferanten bezogen werden. Nun sollen für die Lager- und Bestelldisposition einige Daten ermittelt werden.

   Gehen Sie hierzu von folgenden Werten aus: Einstandspreis siehe vorige Aufgabe, ca. 250 Werktage, mit dem Sicherheitsbestand sollen 2 Werktage überbrückt werden können, Lagerhaltungskostensatz 12 %, Jahresbedarf 8000 Stück, bestellfixe Kosten 50 EUR.

5 Hahn - ISBN 978-3-8120-0581-4

(1) Ermitteln Sie anhand der Werte den Meldebestand und den Sicherheitsbestand!

(2) Ermitteln Sie die optimale Bestellmenge!

Stellen Sie die Berechnung nach dem Muster der nachfolgenden Tabelle dar bzw. lösen Sie die Aufgabe mit Unterstützung einer Tabellenkalkulation!

Bestellanzahl pro Jahr	Bestellmenge pro Bestellung	Lagerwert der Bestellmenge (Bestellwert/2) €	Bestellfixe Kosten pro Jahr €	Lagerkosten pro Jahr €	Gesamtkosten pro Jahr €
5					
10					
15					
20					
25					
30					

(3) Legen Sie den Lieferanten und den Artikel im System an!

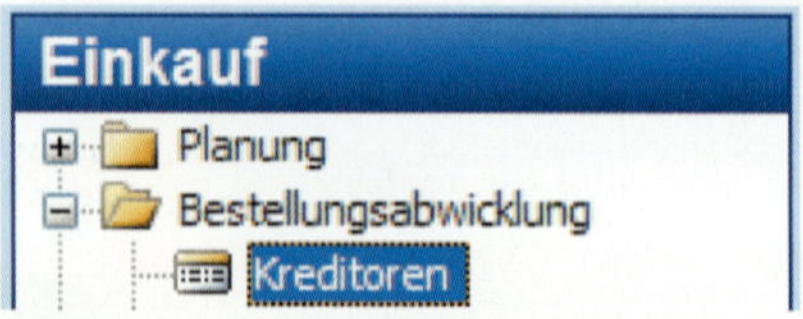

(4) Ermitteln Sie für den Artikel „Montagestütze“ die optimale Bestellmenge über die entsprechende Funktion im System und vergleichen Sie das Ergebnis mit der tabellarischen Berechnung!

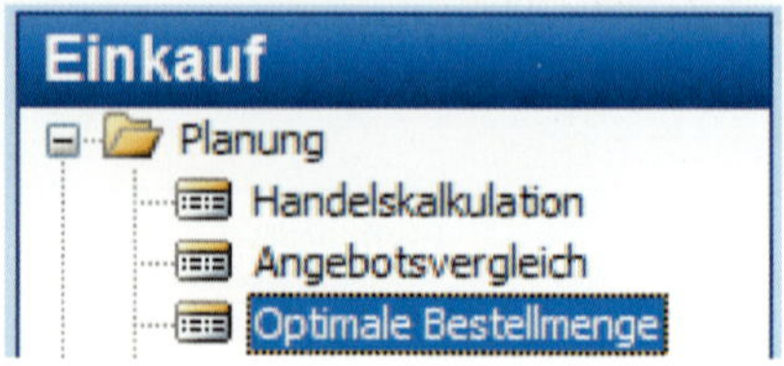

2.2.2 Einkaufsprozess auf der Basis eines Kundenauftrages

Die folgende Abbildung skizziert vereinfacht den grundsätzlichen Ablauf eines Kundenauftrages in Verbindung mit der laufenden Bestelldisposition und Terminplanung im Rahmen eines Beschaffungsprozesses im Bereich der Handelswaren.

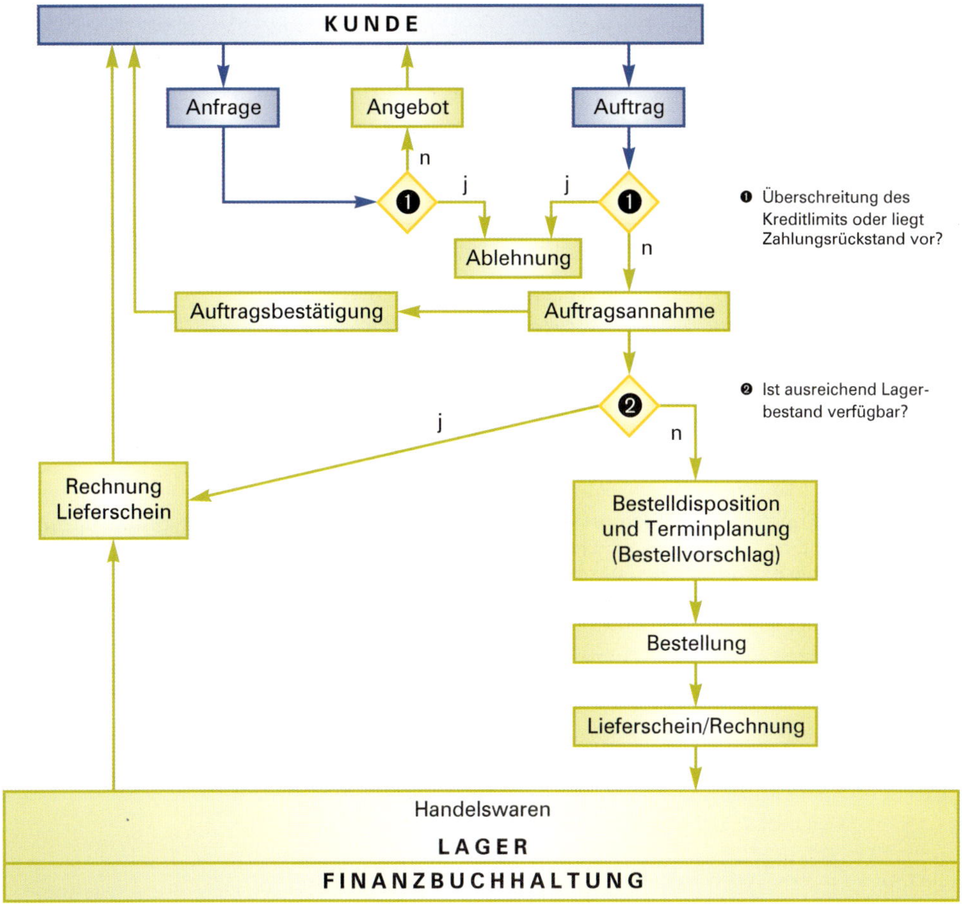

Erläuterung:

Bei einem Auftragseingang (mit oder ohne vorausgegangenes Angebot) prüft das ERP-System im Rahmen der Auftragserfassung neben der Bonität (Kreditlimit, Zahlungsrückstand) des Kunden, ob ein ausreichender Lagerbestand verfügbar ist. Als Ergebnis muss hier eventuell in einen Beschaffungsprozess verzweigt werden. Dabei leistet das System bereits Unterstützung bei der Lagerbestands- und Bestelldisposition. Auf der Basis des Dispositionsverfahrens und der Beschaffungszeit der Artikel wird ein Bestellvorschlag unterbreitet, wenn keine ausreichende Artikelmenge vorhanden ist oder durch die Kundenauftragsabwicklung bestimmte Lagerbestandsgrenzen unterschritten werden. Der Bestellvorschlag kann mit oder ohne Veränderung in eine Bestellung überführt werden. Mit dem Eingang der Lieferung / Rechnung wird die Voraussetzung für die weitere Abwicklung der zu erfüllenden Kundenaufträge geschaffen.[1]

1 Aus Vereinfachungsgründen werden die Zahlungsabwicklung und eine eventuelle Rücksendung/Gutschrift als weitere mögliche Elemente des Absatz- und Beschaffungsprozesses im Schaubild nicht dargestellt.

Übungsaufgabe

15 1. **Angebot und Auftrag**

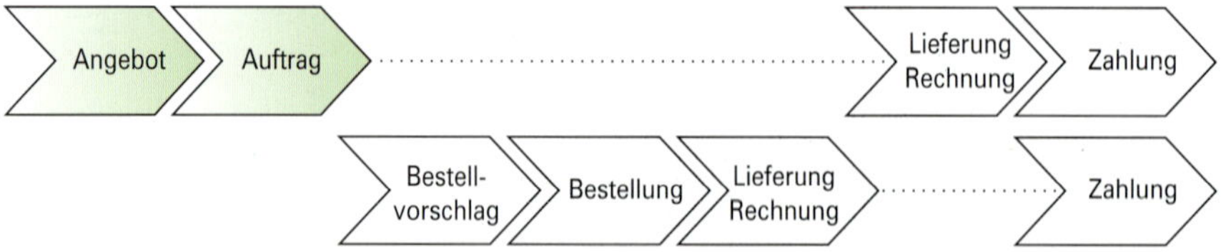

An die Kunden Heimwerkermarkt GmbH und Bauland AG wurden Angebote abgegeben, die im ERP-System bereits erfasst sind.

Von der Heimwerkermarkt GmbH ging folgende E-Mail ein:

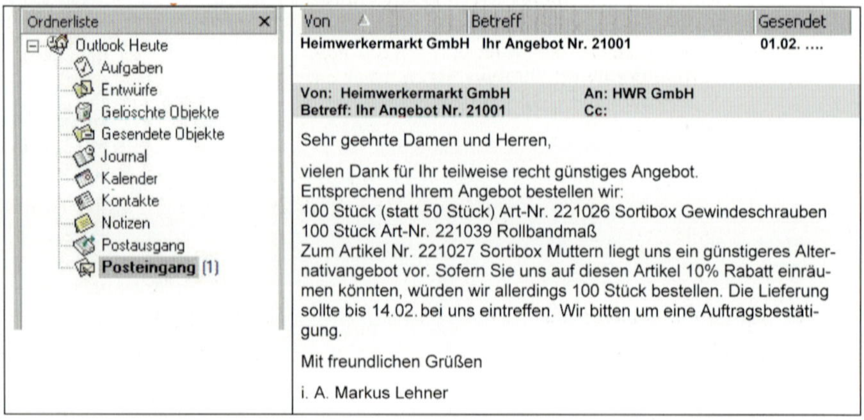

Von: Heimwerkermarkt GmbH **An: HWR GmbH**
Betreff: Ihr Angebot Nr. 21001 **Cc:**

Sehr geehrte Damen und Herren,

vielen Dank für Ihr teilweise recht günstiges Angebot.
Entsprechend Ihrem Angebot bestellen wir:
100 Stück (statt 50 Stück) Art-Nr. 221026 Sortibox Gewindeschrauben
100 Stück Art-Nr. 221039 Rollbandmaß
Zum Artikel Nr. 221027 Sortibox Muttern liegt uns ein günstigeres Alternativangebot vor. Sofern Sie uns auf diesen Artikel 10% Rabatt einräumen könnten, würden wir allerdings 100 Stück bestellen. Die Lieferung sollte bis 14.02. bei uns eintreffen. Wir bitten um eine Auftragsbestätigung.

Mit freundlichen Grüßen

i. A. Markus Lehner

Von einem Telefonat mit dem Kunden Bauland AG liegt folgende Gesprächsnotiz vor:

Telefonnotiz	
Datum:	*01.02.*
Gesprächspartner:	*Herr Wieland, Bauland AG*
Gesprächsnotiz:	*Bezug auf unser Angebot Nr. 21002 vom 26.01. Auftragserteilung bzw. Bestellung nur, wenn generell auf alle Artikel 10 % Rabatt gewährt werden. Beim Artikel Nr. 221118 würden wir dann auch die Bestellmenge um 25 Stück erhöhen. Bitte heute noch Auftragsbestätigung und Lieferung bis 17.02. falls Auftrag angenommen wird.*

(1) Prüfen Sie, ob bei den Vorgaben des Kunden Heimwerkermarkt GmbH am Artikel Nr. *221027 Sortibox Muttern* noch etwas verdient ist, wenn mit innerbetrieblichen Kosten (Handlungskostenzuschlag) in Höhe von 25 % auf den Einstandspreis kalkuliert werden muss und der Kunde entsprechend der Kundenzahlungsbedingung eventuell noch den Skontoabzug vornimmt!

(2) Beide Aufträge sollen entsprechend den Kundenwünschen angenommen werden. Erläutern Sie, was vom ERP-System bei der Erstellung eines Kundenauftrages abgeprüft wird!

Führen Sie diese Prüfvorgänge vorab manuell am Beispiel des Kunden Heimwerkermarkt GmbH durch!

(3) Nehmen Sie unter dem Arbeitsdatum des 01.02. im „Angebotskopf" und bei den Angebotspositionen der zugrunde liegenden Angebote die entsprechenden Änderungen vor und erzeugen Sie aus den Angeboten über die Schaltfläche *Auftrag erstellen* jeweils den Auftrag!

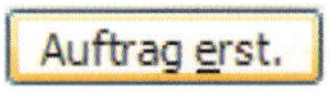

(4) Ergänzen Sie im Anschluss an die Umwandlung des Angebotes in einen Auftrag im Menüpunkt *Aufträge* im Kopf der Auftragsmaske das Lieferdatum – wenn nicht vorhanden – und nehmen Sie den auf die Auftragsannahme folgenden Arbeitsschritt vor!

(5) Inwiefern ist am Beispiel des Artikels Nr. *221027 Sortibox Muttern* aus der Artikel- bzw. Lagerhaltungsdatenkarte nun ersichtlich, dass zu erfüllende Kundenaufträge vorliegen?

2. **Auftrag, Bestellvorschlag und Bestellung**

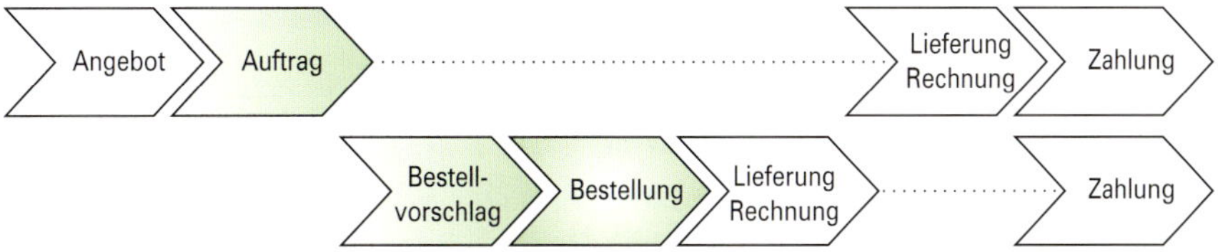

Um einen höchstmöglichen Grad an Lieferfähigkeit zu gewährleisten, wird in der HWR GmbH arbeitstäglich festgestellt, ob aufgrund vorhersehbarer Lagerbestandsunterschreitungen ein Beschaffungsprozess eingeleitet werden muss.

(1) Begründen Sie vorab anhand der Lagerhaltungsdatenkarte des Artikels Nr. *221027 Sortibox Muttern*, ob und gegebenenfalls welchen Bestellmengenvorschlag das ERP-System bei diesem Artikel machen wird!

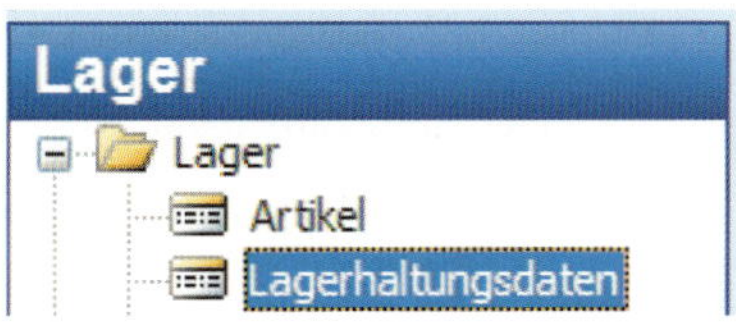

(2) Lassen Sie sich aufgrund der vorliegenden Kundenaufträge vom System im Modul *Einkauf* einen Bestellvorschlag erzeugen!

Bearbeitungshinweis:

Im Bestellvorschlagsfenster wird über die Schaltflächen *Funktion / Planung berechnen* die Bestellplanungsberechnung durchgeführt. Im Fenster *Planung berechnen* ist im Register *Optionen* der Planungszeitraum anzugeben, auf den die Berechnung beschränkt werden soll.

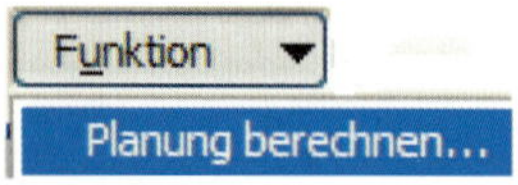

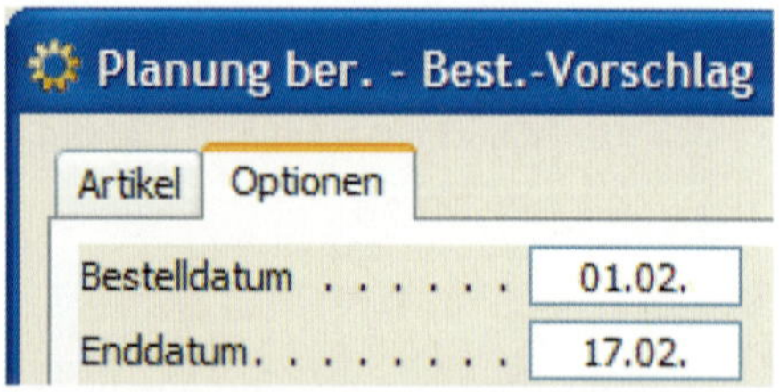

(3) Begründen Sie, warum das ERP-System bei der Auftragserstellung aus den Angeboten nur eine Bestandswarnmeldung beim Artikel Nr. *221027 Sortibox Muttern* angezeigt hat, nun aber noch für weitere Artikel aus den Kundenaufträgen einen Bestellvorschlag unterbreitet!

(4) Begründen Sie das im Bestellvorschlag beim Artikel Nr. *221027 Sortibox Muttern* als Fälligkeitstag (Eintreff- bzw. Lieferdatum) der Ware angegebene Datum in Verbindung mit dem vom Kunden Bauland AG gewünschten Lieferdatum!

(5) Erstellen Sie unter dem Arbeitsdatum des 01.02. aus dem Bestellvorschlag ohne Abänderung die entsprechenden Bestellungen und öffnen Sie anschließend die Bestellung bei der Liebermann KG!

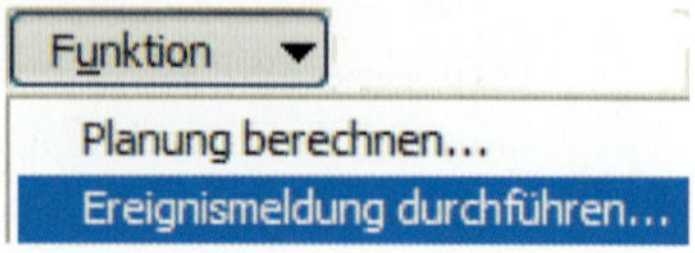

(6) Begründen Sie das in der Bestellzeile des Artikels Nr. *221027 Sortibox Muttern* angegebene (späteste) Bestelldatum!

(7) Erläutern Sie, welche Änderung sich im Register *Allgemein* der Artikel- bzw. Lagerhaltungsdatenkarte des Artikels Nr. *221027 Sortibox Muttern* sowie auch bei den anderen bestellten Artikeln durch die Bestellung ergeben hat!

3. Lieferung und Eingangsrechnung

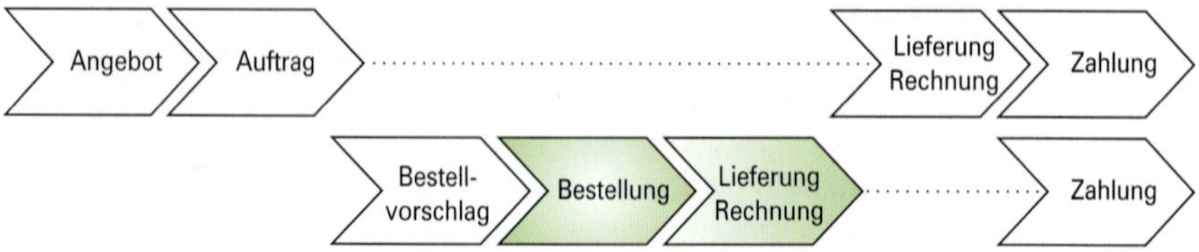

Am 11.02. trifft von der Liebermann KG die bestellte Ware ein. Aufgrund einer derzeit laufenden Verkaufsaktion erhielten wir – wie im nachfolgenden Rechnungsauszug zu ersehen ist – auf die einzelnen Artikel einen Rabatt, der in der Bestellung noch nicht berücksichtigt ist.

Liebermann KG

Heimwerkerbedarf

Brahmsstr. 17, 72072 Tübingen, Tel.: 07071 483531

Liebermann KG * Brahmsstr. 17 * 72072 Tübingen

HWR GmbH
Im Industriegebiet 20
72336 Balingen

Rechnung-Nr.: 73483
Kunden-Nr.: 38941

Datum: 11.02...

Lieferschein / Rechnung

Art.-Nr.	Text	Menge	Einzelpreis	Rabatt %	Betrag
78529	Sortibox Gewindeschrauben	200	2,50	5	475,00
835462	Sortibox Muttern	200	2,50	7,5	462,50
				Nettowarenwert	937,50
				+ 19 % MwSt.	178,13
				Rechnungsbetrag	1115,63

(1) Erläutern Sie, welche Auswirkung der Wareneingang im Lager (Artikel- bzw. Lagerhaltungsdatenkarte) hervorruft!

(2) Geben Sie die Buchung für die obige Eingangsrechnung an, die im ERP-System automatisch vorgenommen wird!

(3) Buchen Sie aus der Bestellung heraus über die Schaltflächen *Buchen / Buchen* unter Berücksichtigung des Rabattes die Lieferung und Rechnung!

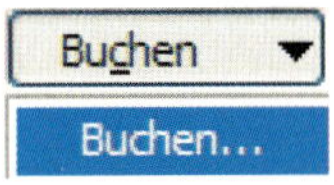

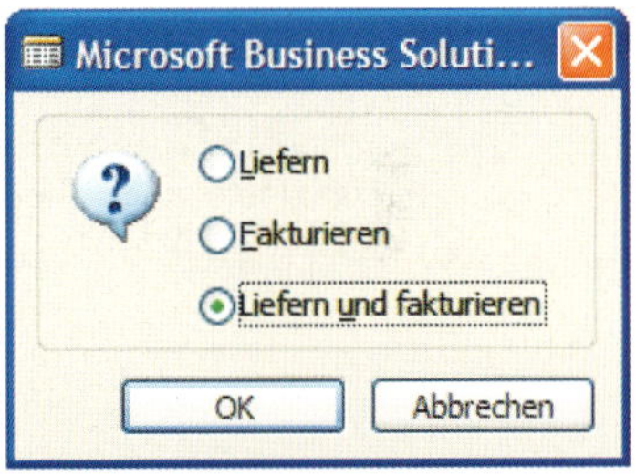

Öffnen Sie anschließend in der *Finanzbuchhaltung* den Menüpunkt *Journale* und analysieren und vergleichen Sie die Buchungen unter LWERTBUCH (Lagerwertbuch) und EINKAUF mit Ihren Buchungen aus Aufgabe 2!

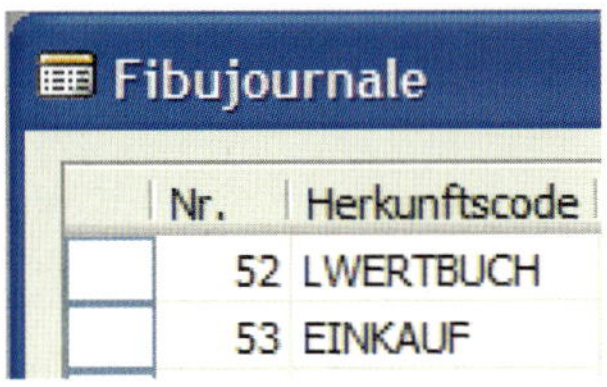

(4) Am 14.02. traf bereits vorzeitig die Lieferung und Rechnung Nr. 34633 von der Kulmbach & Forch OHG ohne Abweichung von der Bestellung ein.

Buchen Sie aus der Bestellung heraus über die Schaltflächen *Buchen/Buchen* die Lieferung und Rechnung!

4. Rücksendung und Einkaufsgutschrift

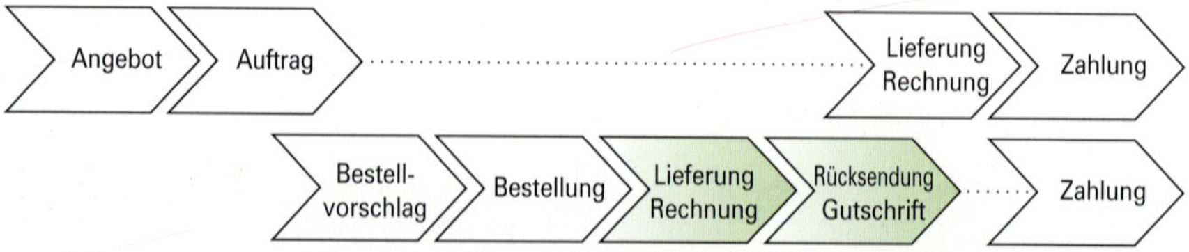

Bereits am 11.02. haben wir einer Produktinformation der Kulmbach & Forch OHG entnommen, dass der Artikel Nr. *221118 Elektro-Tacker* in Kürze durch ein leistungsfähigeres Nachfolgemodell abgelöst wird. Bei einem sofortigen Telefonanruf konnte die HWR GmbH erreichen, dass aus Kulanzgründen 50 Stück der Elektro-Tacker, die „durch ein Versehen" zu viel bestellt wurden, wieder zurückgenommen werden. Da die geringere Menge in der Rechnung Nr. 34633 nicht mehr berücksichtigt werden konnte, erteilte die Kulmbach & Forch OHG sofort die Gutschrift (siehe nachfolgender Auszug), die zeitgleich mit der Rechnung am 14.02. einging. Ebenfalls am 14.02. wurden 50 Stück der Elektro-Tacker wieder zurückgesandt.

KULMBACH & FORCH OHG

Hirschweg 14
72072 Tübingen
Tel.: 07071 483531
Fax: 07071 483532

HWR GmbH
Im Industriegebiet 20
72336 Balingen

Gutschrift-Nr.: 99341
Kunden-Nr.: 21536

Datum 14.02...

GUTSCHRIFT

Art.-Nr.	Text	Menge	E-Preis	Rabatt %	Betrag
98654	ELEKTRO-TACKER	50	12,50		625,00

Nettowarenwert	625,00
+ 19 % MwSt.	118,75
Gutschriftbetrag	743,75

(1) Erläutern Sie, welche Auswirkung bzw. Veränderung die Gutschrift in der Finanzbuchhaltung und in der Lagerwirtschaft haben wird!

(2) Bilden Sie den Buchungssatz für die Rücksendung bzw. Gutschrift!

(3) Stellen Sie in der *Finanzbuchhaltung* im *Kontenplan* die Kontenstände der Konten fest, die durch die Gutschriftbuchung betroffen sind und stellen Sie im Weiteren im Modul *Lager* den momentanen Lagerbestand des Artikels Nr. *221118 Elektro-Tacker* fest!

(4) Bearbeiten Sie die Gutschrift im System und begründen Sie anschließend die Veränderung der Kontenstände und des Lagerbestands gegenüber dem Ergebnis der vorigen Aufgabe!

Bearbeitungshinweis:

Steht der Cursor im Feld *Nr.* der Gutschriftmaske, erhalten Sie über die *Enter*-Taste einen Vorschlag für die Gutschriftnummer.

Anschließend ist über die Schaltflächen *Funktion / Beleg kopieren* am unteren Bildschirmrand die gebuchte Rechnung aufzurufen, auf die eine Gutschrift erteilt werden soll.

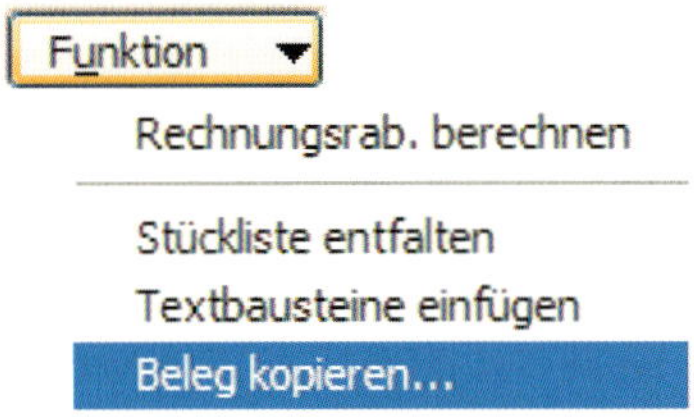

Durch das Setzen des Häkchens in der vorigen Abbildung werden die Adressdaten und der Inhalt der gebuchten Rechnung in die Gutschrift übernommen. Die von der Gutschrift nicht betroffenen Positionen (Zeilen) sind zu löschen, während betroffene Positionen entsprechend mit der Rücksendungsmenge zu korrigieren sind.

5. **Lieferung und Ausgangsrechnung**

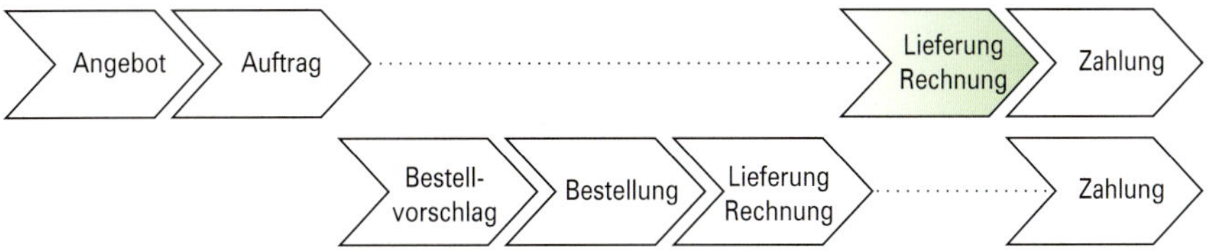

Am 14.02. und am 17.02. liefert die HWR GmbH entsprechend dem Kundenwunsch die Aufträge an die Heimwerkermarkt GmbH und die Bauland AG aus:

(1) Erläutern Sie, welche Auswirkung die Auslieferung der Aufträge im Lager (Artikel- bzw. Lagerhaltungsdatenkarte) hervorruft!

(2) Erzeugen Sie unter dem entsprechenden Datum aus den Aufträgen über die Schaltflächen *Buchen / Buchen* eine Lieferung und Rechnung!

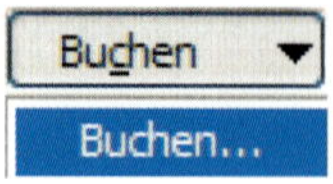

Lassen Sie sich für die Lieferung und Rechnungsstellung (Fakturierung) vom System auch die Belege ausdrucken!

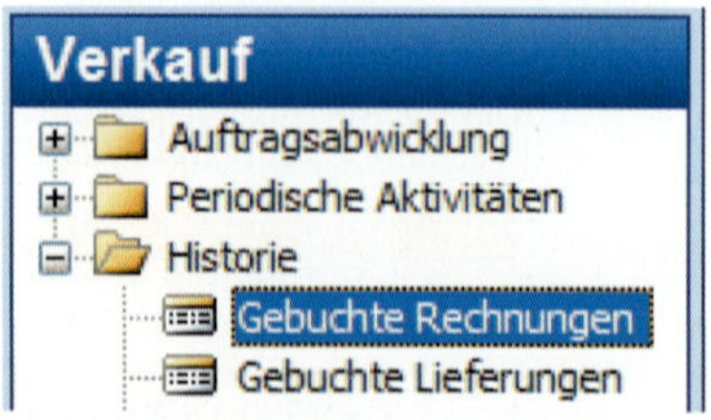

(3) Geben Sie die Buchung für die Ausgangsrechnung an die Heimwerkermarkt GmbH an, die im ERP-System automatisch vorgenommen wird!

Bearbeitungshinweis:

Beachten Sie, dass dem Umsatzerlös aus dem Handelswarenverkauf sofort bei jedem Verkaufsvorgang der Lagerabgang der einzelnen Artikel als Wareneinsatz mit einer Handelswarenaufwandsbuchung gegenübergestellt wird. Das integrierte Warenwirtschaftssystem liefert hierzu mengen- und wertmäßig die entsprechenden Zahlen. Aus der Differenz zwischen Handelswarenerlös und Handelswarenaufwand ergibt sich sofort bei jedem Verkaufsgeschäft der sogenannte Warenrohgewinn.

(4) Öffnen Sie in der *Finanzbuchhaltung* den Menüpunkt *Journale* und analysieren und vergleichen Sie die Buchungen unter LWERTBUCH (Lagerwertbuch) und VERKAUF mit Ihren Buchungen aus Aufgabe 3!

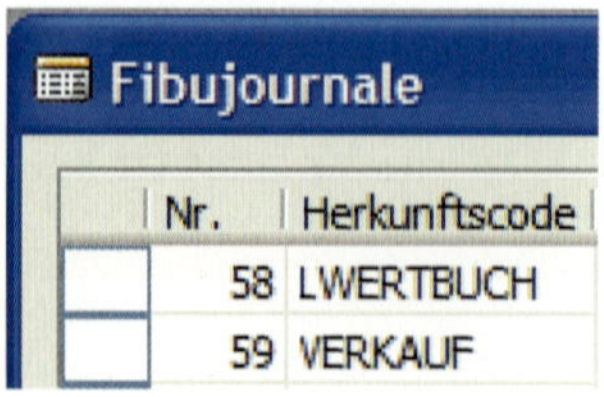

Bearbeitungshinweis:

Alternativ zum Journal lassen sich die Buchungen auch im Kontenplan über die Schaltfläche *Saldo / Saldo* analysieren. Setzen Sie als Datumsfilter den Tag der Rechnung, um gezielt nur diese Buchungen angezeigt zu bekommen!

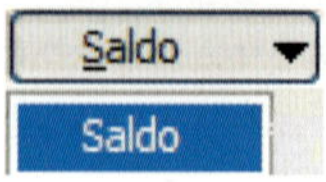

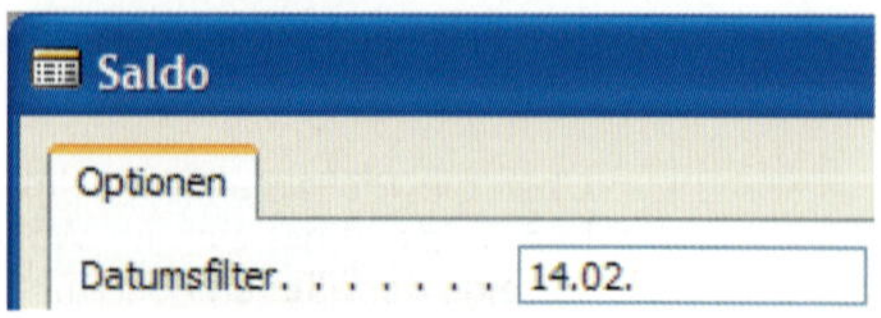

(5) Ermitteln Sie aus den Zahlen der Buchungen den Handelswarenrohgewinn aus diesen Kundenaufträgen!

6. **Zahlungsabwicklung**

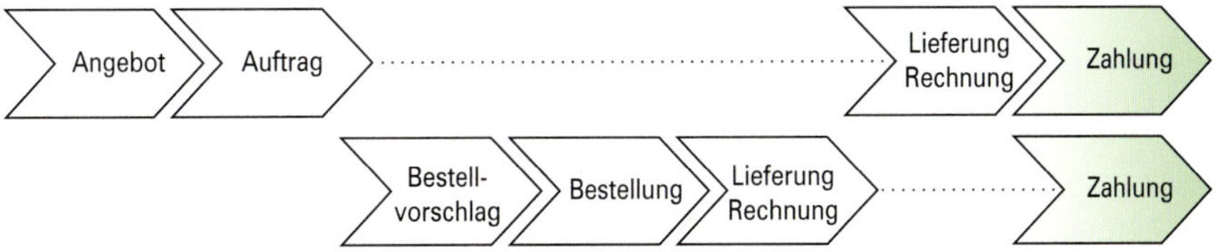

Die HWR GmbH erhielt von ihrer Hausbank nachfolgenden Kontoauszug:

SPARKASSE ZOLLERNALB Auszug 7 **IBAN: DE47 6535 1260 0024 9991 11**

Tag	Text	Wert	Belastung	Gutschrift
	Alter Kontostand vom 02.03.		EUR	118.774,85+
24.02	LIEBERMANN KG, KD-NR 38941 R-NR 73483, ABZÜGL. SKONTO	24.02	1.082,16	
24.02	KULMBACH & FORCH OHG R-NR 34633 ABZÜGL. GUTSCHRIFT NR 99341 UND SKONTO	24.02	2.359,22	
27.02	HEIMWERKERMARKT GMBH R-NR 25517, KD-NR 24001 ABZÜGL. SKONTO	27.02		1.131,21
28.02	BAULAND AG, KD-NR 24002 R-NR 25483, 25502, 25509, 25518 ABZÜGL. SKONTO	28.02		61.300,00
	Neuer Kontostand vom 01.03.			177.764,68 +
++++	**NEUER ZINSSATZ SEIT 15.01. 10,75%**			

(1) Prüfen Sie die sachliche und rechnerische Richtigkeit der Zahlungsvorgänge laut Kontoauszug!

Bearbeitungshinweis:

Einen Überblick über „offene Posten" der Kunden und bei Lieferanten erhält man sehr schnell auch über das Register *Allgemein* der betreffenden Debitoren- bzw. Kreditorenkarte.

Über die Pfeilschaltfläche im Betragsfeld *Saldo* öffnet sich im Weiteren die Anzeige der offenen Posten.

(2) Geben Sie jeweils den Buchungssatz an, der sich durch den Zahlungsausgang an die Kulmbach & Forch OHG und durch den Zahlungseingang von der Bauland AG ergibt!

Bearbeitungshinweis:

Der sich ergebende Differenzbetrag bei der Bauland AG soll als offener Posten weitergeführt und daher nicht ausgebucht werden.

(3) Ermitteln Sie, ob es für die Heimwerkermarkt GmbH auch dann von Vorteil gewesen wäre, die Rechnung der HWR GmbH mit Skontoabzug zu zahlen, wenn sie dazu den Kontokorrentkredit ihrer Bank zum im Kontoauszug genannten Zinssatz hätte in Anspruch nehmen müssen!

(4) Erfassen Sie über das Fibu-Buchungsblatt den Zahlungsausgleich „offener Posten" des Kontoauszuges.

Bearbeitungshinweis:

Beim Verkaufsprozess ist beispielhaft die Darstellung der Buchungserfassung für einen Zahlungseingang beschrieben. In analoger Weise erfolgt die Buchungserfassung für einen Zahlungsausgang.

Vor dem Buchen der erfassten Zahlungsvorgänge im Buchungsblatt sollte eine Kontoabstimmung erfolgen. Hierbei kann abgeglichen werden, ob die erfassten Zahlungsvorgänge in der Finanzbuchhaltung zum gleichen Kontostand führen wie im Bankkontoauszug ausgewiesen. Bei Abweichungen sind die erfassten Buchungen nochmals zu überprüfen. Hierdurch lassen sich spätere Korrekturbuchungen vermeiden.

Führen Sie eine Kontoabstimmung durch und buchen Sie anschließend die erfassten Zahlungsvorgänge über die Schaltflächen *Buchen / Buchen* in das System ein!

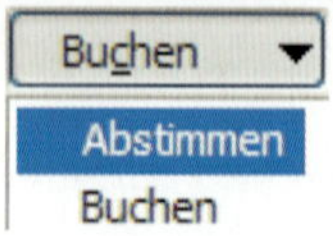

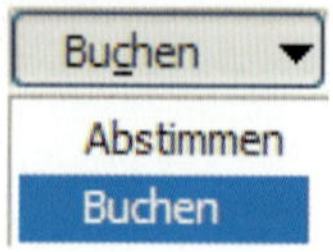

(5) Analysieren Sie die Systembuchungen in der *Finanzbuchhaltung* unter *Journale* und vergleichen Sie diese mit Ihren manuellen Buchungen!

Übungsaufgabe – Vermischte Aufgaben

16 1. Das Konto „2210 Handelswaren“ zeigt seit Jahresbeginn bis Ende Februar nachfolgende Werte an:

(1) Die Handelswareneinkäufe überstiegen in dieser Zeit die Handelswarenabgänge um 3658,50 €. Wie hoch war der Handelswarenanfangsbestand?

(2) Ermitteln Sie aus den verfügbaren Zahlenwerten den durchschnittlichen Lagerbestandswert!

(3) Angenommen, der Lagerbestand sei zum angegebenen Zinssatz im weiter vorne dargestellten Kontoauszug fremdfinanziert. Mit welchen monatlichen Zinskosten müsste die HWR GmbH rechnen?

(4) Nehmen Sie an, die bisherigen Handelswarenabgänge (Wareneinsatz) würden sich bis Ende des Jahres so weiterentwickeln und auch der berechnete durchschnittliche Lagerbestand würde dem Jahresdurchschnitt entsprechen. Berechnen Sie auf der Basis dieser Annahmen die Lagerumschlagshäufigkeit und die durchschnittliche Lagerdauer!

(5) Beurteilen Sie die berechnete durchschnittliche Lagerdauer!

(6) Angenommen, die berechnete durchschnittliche Lagerdauer würde so auch auf den Artikel „221075 Elektro-Heckenschere“ zutreffen. Berechnen Sie, welche Lagerzinskosten jedes Stück dieses Artikels verursachen würde! (Zinssatz wie vorher)

(7) Erläutern Sie mögliche Maßnahmen, um die durchschnittliche Lagerdauer zu verkürzen!

(8) Ermitteln Sie im Modul *Lager* über den Bericht *Aktuellen Lagerwert ermitteln*, welcher Artikel momentan (28.02.) am meisten Kapital bindet!

(9) Welchen prozentualen Anteil am Gesamtlagerwert nimmt dieser Artikel ein?

2. Die Zahlungen aufgrund von Einkäufen des laufenden Jahres sind bis Ende Februar im System erfasst.

(1) Stellen Sie im Modul *Einkauf / Bestellungsabwicklung* anhand des Berichtes *Kreditor – Top 10 Liste* fest, bei welchen drei Lieferanten im laufenden Jahr am meisten eingekauft wurde!

Bearbeitungshinweis:

Geben Sie unter dem Datumsfilter den Zeitraum ein. Anstelle von „xx“ ist die entsprechende Jahreszahl einzugeben. Das Anfangsdatum und das Enddatum wird durch „..“ (zwei Punkte) getrennt.

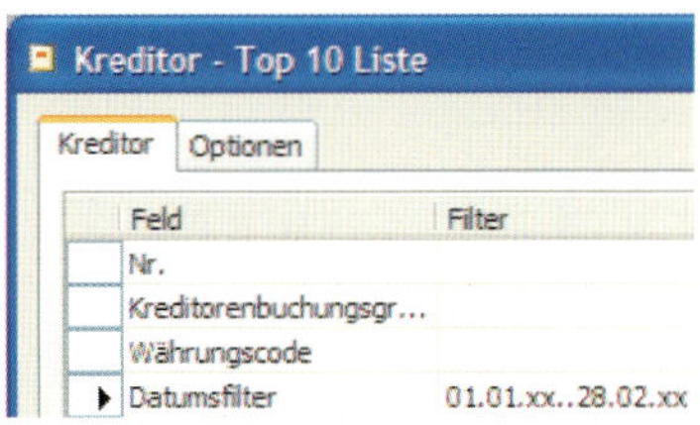

(2) Welchen prozentualen Einkaufsanteil haben diese Lieferanten am bisherigen Gesamteinkaufsvolumen?

(3) Unsere Zahlungsverpflichtungen gegenüber Lieferanten sind fast alle zur Zahlung fällig. Es sind auch schon Mahnungen eingegangen. Prüfen Sie, ob wir in der Lage sind, den Zahlungsverpflichtungen nachzukommen, wenn wir erwarten, dass in den folgenden zwei Wochen unsere Kunden ca. 30 % der offenen Rechnungsbeträge zahlen!

(4) Nennen Sie mögliche Maßnahmen, die unsere Zahlungsfähigkeit verbessern könnten!

(5) Geben Sie den Sachverhalt an, der zur nachfolgenden Journalbuchung geführt hat!

Buchungsdatum	Belegart	Belegnr.	Sachkontonr.	Sollbetrag	Habenbetrag
24.02.	Zahlung	7	2800		1.082,16
24.02.	Zahlung	7	2600		5,34
24.02.	Zahlung	7	4400	1.115,63	
24.02.	Zahlung	7	2213		28,13

2.3 Leistungserstellungsprozess

2.3.1 Grundlagen und Basisdaten

In der HWR GmbH ist auch der Produktionsbereich mit dem Beschaffungs- und Absatzbereich verzahnt und in das integrierte ERP-System eingebunden, mit dessen Hilfe Sie die aus Kundenaufträgen ergebende Planung und Durchführung der Beschaffung und Fertigung sowie die übrigen anfallenden Arbeitsaufträge im Rahmen des betrieblichen Leistungserstellungsprozesses durchführen sollen.

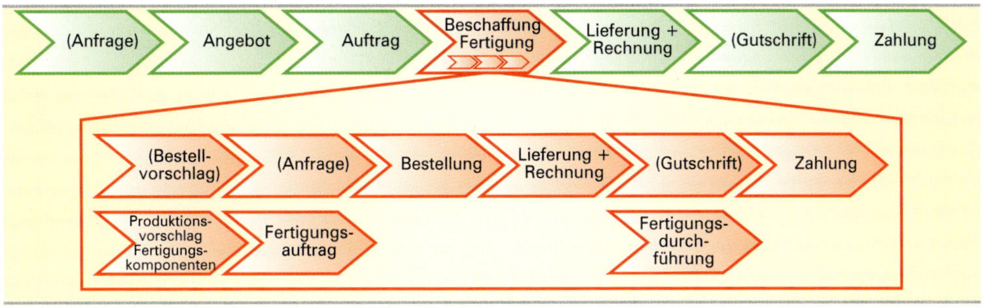

Situation

Die HWR GmbH plant, den „Schubkarren 85L Standard" mit der Artikelnummer 220001 herzustellen. Die nebenstehende Konstruktionszeichnung zeigt im Profil den Grundaufbau des Schubkarrens. Neben dem Fremdbezug einiger Komponenten des Schubkarrens werden einzelne Teile aus eingekauftem Rohmaterial auch selbst gefertigt.

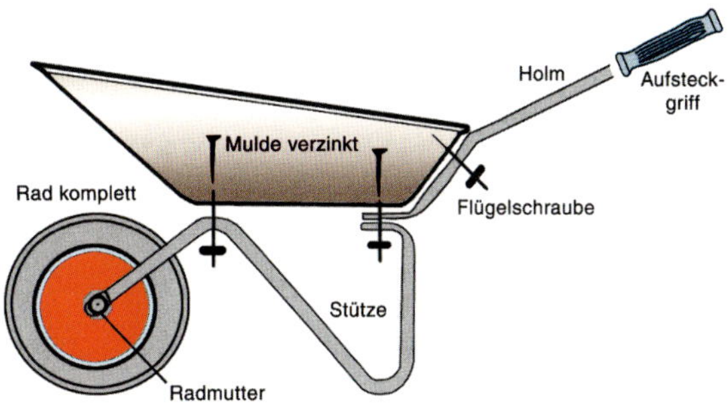

Für eine computergestützte Fertigung müssen die Artikel (Komponenten), Stücklisten, Arbeitspläne, Arbeitsplätze in den einzelnen Menüpunkten der entsprechenden Module des ERP-Systems als Datenbasis vorhanden sein. Diese Informationen sind untereinander vernetzt und werden dann bei einem konkreten Fertigungsauftrag zusammengeführt und gebündelt.

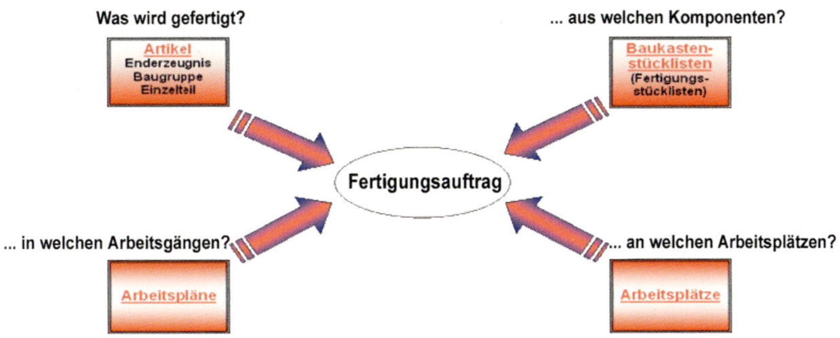

<table>
<tr><th>Modul/Menüpunkt</th><th>Daten</th></tr>
<tr><td>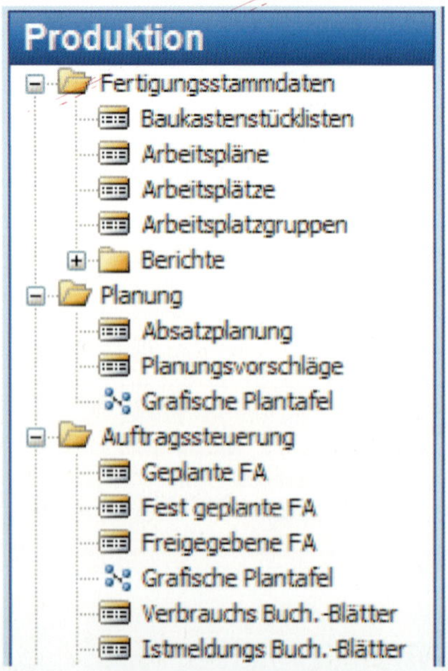
</td><td>– Stücklisten (Erzeugnisstruktur)
– Baugruppen mit Komponenten und Komponentenmenge
– Arbeitspläne
– Arbeitsgänge
– Bearbeitungszeiten
– Arbeitsplätze
– Kostensatz des Arbeitsplatzes je Zeiteinheit
– Zu verrechnende Gemeinkosten
– Planungsvorschläge für Beschaffungs- und Fertigungsbedarf
– Zeitplanung
– Fertigungsaufträge mit unterschiedlichem Status
– Materialverbrauch
– Fertigmeldung (Lagerzugang)</td></tr>
<tr><td>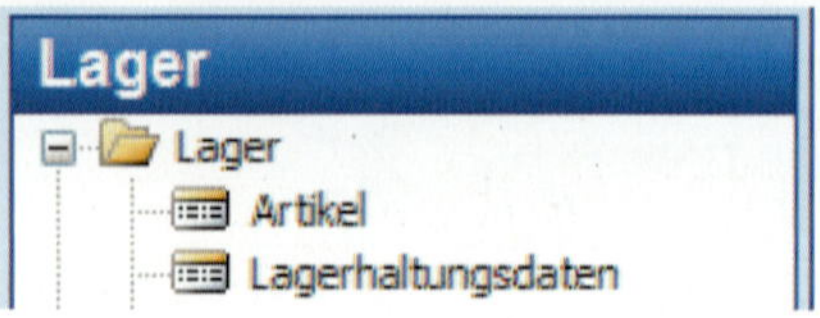
</td><td>– Artikel
– Lagerbestände
– Bezugsquellen
– Dispositionsmethoden
– Beschaffungszeiten
– Einstandspreise (Materialkosten)
– Materialgemeinkosten</td></tr>
<tr><td>
</td><td>– Kontenplan mit Anzeige der Kontenstände
– Ausgleich offener Posten
– Journale über die Buchungen in der Finanz- und Lagerbuchhaltung</td></tr>
</table>

Übungsaufgabe

17 Gegenwärtig wird in der HWR GmbH für den Schubkarren mit der Artikelnummer 220001 die Aufnahme in die Produktion vorbereitet.

Das Rohmaterial (Rundstahlrohr) sowie die Einzelkomponenten „Mulde verzinkt", „Flügelschraube", „Rad komplett", „Aufsteckgriff" und „Radmutter" werden eingekauft. Hieraus werden im Betrieb dann die Baukasten-Artikel und das Enderzeugnis gefertigt und montiert.

Erzeugnisstruktur Schubkarren

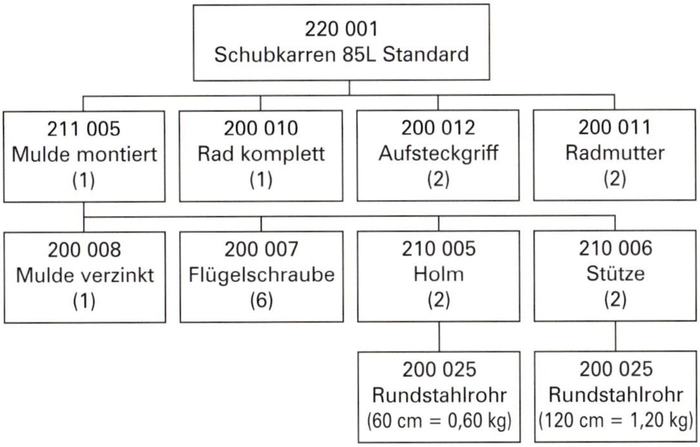

1. **Artikel (Erzeugniskomponenten), Stücklisten und Teileverwendungsnachweis**

   Die Datengrundlage eines sich aus einem Kundenauftrag ergebenden Fertigungsauftrages bilden zunächst der zu fertigende Artikel mit seinen Baukastenstücklisten und den jeweiligen Komponenten.

   (1) Kennzeichnen Sie in der Abbildung der Erzeugnisstruktur sämtliche Komponenten nach ihrer „Beschaffungsmethode" mit einem „E" (Einkauf) bzw. „F" (Fertigungsauftrag).

   (2) Über wie viele Baustufen erstreckt sich der Aufbau des Schubkarrens?

   (3) Auf welcher Baustufe befindet sich die Komponente „Rundstahlrohr"?

   (4) Aus wie viel Baukästen setzt sich der Schubkarren zusammen?

   Bearbeitungshinweis:

   Zu einem Baukasten gehören immer nur die Komponenten der unmittelbar darunterliegenden Fertigungsebene.

   (5) Erstellen Sie zunächst auf dem Papier als Vorbereitung für die spätere Erfassung im System die Baukastenstücklisten nach folgendem Muster!

Baukastenstückliste		
Artikel-Nr.	**Komponentenbezeichnung**	**Menge**

6 Hahn - ISBN 978-3-8120-0581-4

(6) Erstellen Sie für den Schubkarren eine Strukturstückliste nach folgendem Muster!

Strukturstückliste						
Baustufe				Artikel-Nr.	Komponentenbezeichnung	Menge

(7) Erstellen Sie für die Komponente „200025 Rundstahlrohr" einen Strukturteileverwendungsnachweis nach folgendem Muster!

Strukturteileverwendungsnachweis						
Baustufe				Artikel-Nr.	Komponentenbezeichnung	Menge

(8) Im Modul *Lager* sind die Komponenten des Schubkarrens bereits als „Artikel" erfasst. Die Beziehungen zwischen den Artikeln/Komponenten, also welche Komponenten einen Baukasten bilden, werden über die Baukastenstücklisten definiert. Die Baukastenstückliste des Enderzeugnisses „220 001 Schubkarren" ist im System als Muster bereits angelegt.

Erfassen Sie die übrigen Baukastenstücklisten des Schubkarrens im Modul *Produktion!*

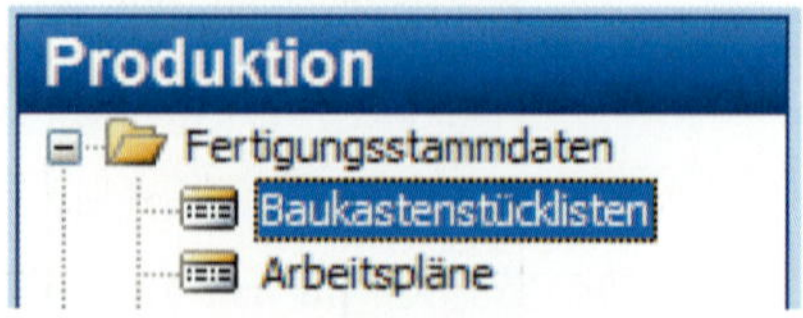

Bearbeitungshinweis:

Die Stücklisten erhalten die gleiche Nummer wie der Artikel bzw. der Baukasten. Die Vorlaufzeit bei den Fremdbezugskomponenten beträgt 1 Tag, d.h., sie müssen am Tag vor der Verarbeitung bzw. Verwendung in der Fertigung angeliefert sein. Nach der Erfassung der Baukastenstückliste ist im „Stücklistenkopf" der *Status* auf „Zertifiziert" einzustellen, damit die Stückliste als gültig aktiviert wird.

(9) Verbinden Sie in der Artikelkarte im Register *Beschaffung* die Baukasten-Artikel, die eigengefertigt werden, mit ihrer (Baukasten-)Stückliste.

(10) Lassen Sie sich die Strukturstückliste des Schubkarrens sowie den Teileverwendungsnachweis des Rundstahlrohres anzeigen und vergleichen Sie diese mit Ihrer manuellen Lösung aus Aufgabe (6) und (7)!

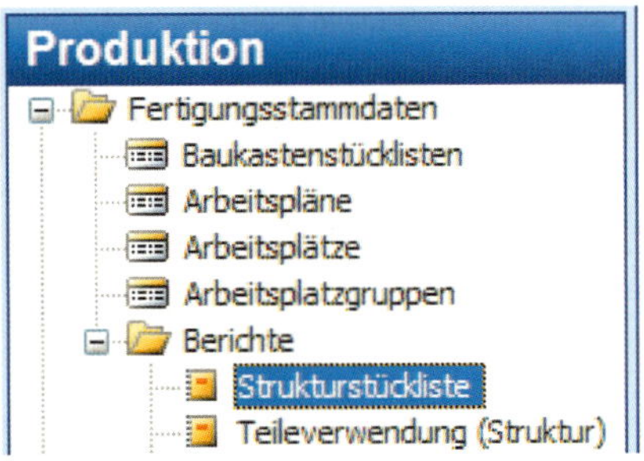

(11) Worin besteht der wesentliche Vorteil und Nachteil einer Baukastenstückliste?

(12) Inwiefern gleicht die Strukturstückliste den Nachteil einer Baukastenstückliste aus?

(13) Welchem wesentlichen Zweck dient ein Teileverwendungsnachweis?

2. Arbeitspläne und Arbeitsplätze

Für die zu fertigenden Artikel bzw. die einzelnen Baukästen müssen in Arbeitsplänen die Arbeitsgänge festgelegt sein und an welchen Arbeitsplätzen diese durchzuführen sind.

(1) Im System sind die Arbeitsplätze bereits angelegt.

Stellen Sie fest, mit welchem Einstandspreis (Einzel- und Gemeinkosten) eine Arbeitsplatzminute an den Montagearbeitsplätzen verrechnet wird!

(2) Erfassen Sie die übrigen Arbeitspläne für die Fertigung der einzelnen Baukästen.

Der Arbeitsplan für den Baukasten „210005 Holm“ ist als Muster im System bereits angelegt.

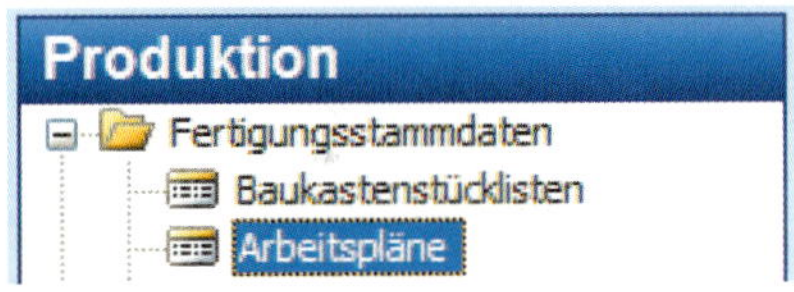

Arbeits-plan Nr.	Baukasten Bezeichnung	Arbeits-platz Nr.	Arbeitsgang		Rüst-zeit (Min.)	Bearbei-tungszeit (Min.)
			Nr.	Arbeitsgangbeschreibung		
210005	Holm	100	10	Rohr auf Länge absägen	0	0,50
		301	20	Rohr zum Holm biegen	0	0,50
		302	30	Holmende zusammendrücken	0	0,50
		400	40	Schraubloch bohren	0	0,50
		310	50	Kanten entgraten	0	0,50
210006	Stütze	100	10	Rohr auf Länge absägen	0	0,50
		301	20	Rohr zur Stütze biegen	0	0,50
		302	30	Stützenden zusammendrücken	0	0,75
		400	40	Schraublöcher bohren	0	1,00
		310	50	Kanten entgraten	0	0,75
211005	Mulde montiert	710	10	Montage Mulde montiert	0	6,00
220001	Schubkarren	720	10	Endmontage Schubkarren	0	6,00

Bearbeitungshinweis:

Die Arbeitspläne erhalten die gleiche Nummer wie die zu fertigende Komponente. Bei allen Arbeitsplänen handelt es sich um „serielle" Arbeitspläne, d.h., die Arbeitsgänge werden einzeln nacheinander abgearbeitet. Die Arbeitsgänge werden in der Praxis meist in 10er-Schritten nummeriert, sodass später – falls erforderlich – immer noch weitere Arbeitsgänge eingefügt werden können, ohne dass die vorhandenen umnummeriert werden müssen. Nach der Erfassung des Arbeitsplanes ist im „Arbeitsplankopf" der *Status* auf „Zertifiziert" einzustellen, damit der Arbeitsplan als gültig aktiviert wird.

(3) Verbinden Sie in der Artikelkarte im Register *Beschaffung* die Baukasten-Artikel, die eigengefertigt werden, mit ihrem jeweiligen Arbeitsplan.

3. **Produktkalkulation**

Im Folgenden sollen die Herstellungskosten des Schubkarrens kalkuliert werden.

(1) Berechnen Sie am Beispiel der Komponente „200025 Rundstahlrohr", mit wie viel Prozent Materialgemeinkosten kalkuliert wird!

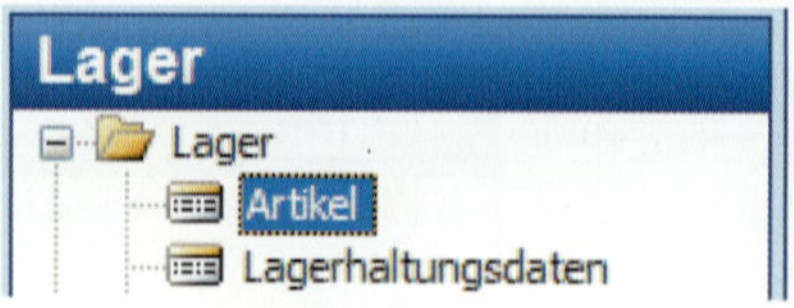

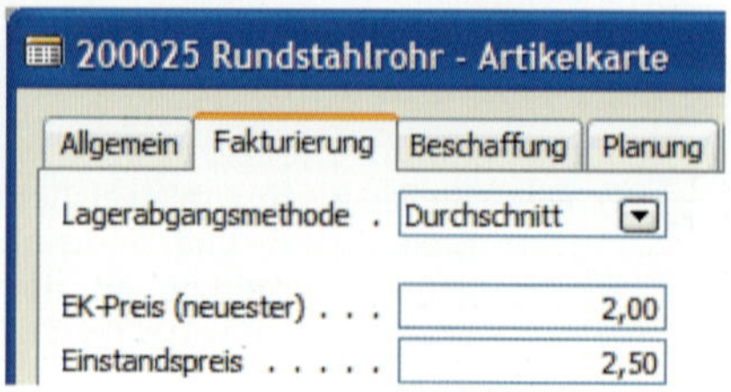

Bearbeitungshinweis:

Die Angaben zu den Materialkosten der einzelnen Komponenten sind in der Artikelkarte im Register *Fakturierung* hinterlegt.

Der Einkaufspreis (EK-Preis) entspricht den Materialeinzelkosten. Der Einstandspreis des Materials für die Fertigung beinhaltet neben den Materialeinzelkosten auch die Materialgemeinkosten.

(2) Die zu verrechnenden Materialgemeinkosten der einzelnen Komponente können in der Artikelkarte alternativ in Prozent oder als Absolutbetrag hinterlegt werden.

Warum wäre es sinnvoll, bei schwankenden Materialeinkaufspreisen die zu verrechnenden Materialgemeinkosten je Einheit als Absolutbetrag statt in Prozent zu hinterlegen?

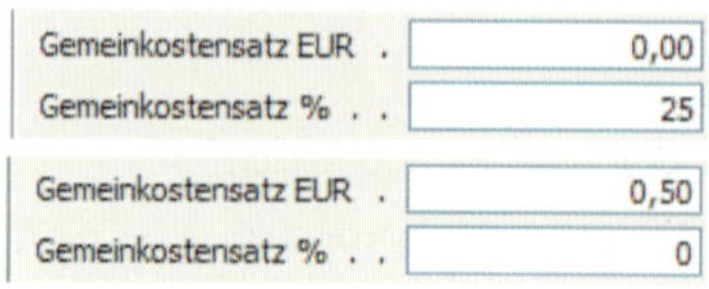

(3) Im nachfolgenden Kalkulationsblatt, das entsprechend der Erzeugnisstruktur aufgebaut ist, sind die erforderlichen Kalkulationsdaten aus den Artikelkarten, den Baukastenstücklisten und den Arbeitsplänen zum Schubkarren bereits enthalten. Für die Komponente „Rundstahlrohr" und „Stütze" sind die Kalkulationswerte bereits berechnet.

Ermitteln Sie zunächst aus den vorhandenen Kalkulationsdaten noch den Fertigungsgemeinkostenzuschlagsatz!

Übertragen Sie die nachfolgende Lösungsstruktur auf Ihr Blatt und vervollständigen Sie anschließend zur Herstellkostenermittlung des Schubkarrens die Kalkulation (von unten nach oben)!

220 001 Schubkarren 85L	
MK	
F'Zeit	6 Min.
M'Satz	0,20 €
FEK	
FGK	
FK	
HK	

211 005 Mulde montiert	
Menge	1 St.
MK	
F'Zeit	6 Min.
M'Satz	0,20 €
FEK	
FGK	
FK	
HK	

200 010 Rad komplett	
Menge	1 St.
Preis/St.	6,72 €
MEK	
MGK	
MK	

200 012 Aufsteckgriff	
Menge	2 St.
Preis/St.	0,16 €
MEK	
MGK	
MK	

200 011 Radmutter	
Menge	2 St.
Preis/St.	0,12 €
MEK	
MGK	
MK	

200 008 Mulde verzinkt	
Menge	1 St.
Preis/St.	7,44 €
MEK	
MGK	
MK	

200 007 Flügelschraube	
Menge	6 St.
Preis/St.	0,08 €
MEK	
MGK	
MK	

210 005 Holm	
Menge	2 St.
MK	
F'Zeit	5 Min.
M'Satz	0,20 €
FEK	
FGK	
FK	
HK	

210 006 Stütze	
Menge	2 St.
MK	6,00 €
F'Zeit	7 Min.
M'Satz	0,20 €
FEK	1,40 €
FGK	2,10 €
FK	3,50 €
HK	9,50 €

200 025 Rundstahlrohr	
Menge	0,60 kg
Preis/kg	2,00 €
MEK	
MGK	
MK	

200 025 Rundstahlrohr	
Menge	1,20 kg
Preis/kg	2,00 €
MEK	2,40 €
MGK	0,60 €
MK	3,00 €

Legende

F'Zeit = Fertigungszeit

M'Satz = Minutensatz

Min. = Minuten

MEK = Materialeinzelkosten

MGK = Materialgemeinkosten ______%

MK = Materialkosten

FEK = Fertigungseinzelkosten

FGK = Fertigungsgemeinkosten ______%

FK = Fertigungskosten

HK = Herstellkosten

(4) Vergleichen Sie Ihre manuelle Kalkulation mit dem Bericht *Detailkalkulation* des Systems!

(5) Ermitteln Sie, wie viel Prozent Gewinn der HWR GmbH vom Erzeugnis „220001 Schubkarren 85L Standard" unter Berücksichtigung der Angaben im Bearbeitungshinweis verbleiben!

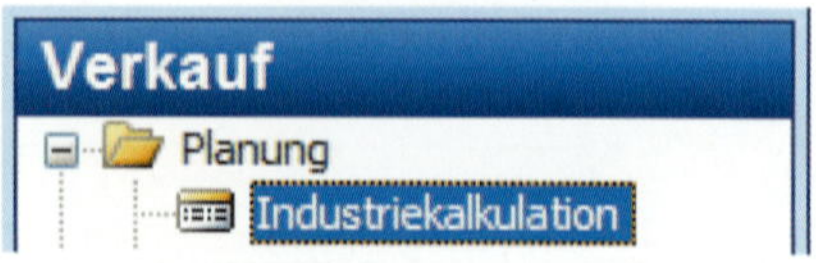

Bearbeitungshinweis:

Der geplante Verkaufspreis des Schubkarrens ist in der Artikelkarte bereits hinterlegt. Die HWR GmbH kalkuliert noch mit 15 % Verwaltungs- und Vertriebsgemeinkosten. Rabattgewährung an Kunden beträgt durchschnittlich 6,50 %. Für alle Kunden gilt eine einheitliche Zahlungsbedingung, die in der Debitorenkarte hinterlegt ist.

Herstellkosten Schubkarren	EUR	➢ siehe Kalkulationsblatt
+ Verwaltungs-/Vertriebsgemeinkosten	EUR	➢ 15 %
Selbstkosten	EUR	
+ Gewinn	EUR	➢ _____ %
Barverkaufspreis	EUR	
+ Skonto	EUR	➢ siehe Debitorenkarte
Zielverkaufspreis	EUR	
+ Rabatt	EUR	➢ durchschnittlich 6,5 %
Nettoverkaufspreis	EUR	➢ siehe Artikelkarte

2.3.2 Leistungserstellungsprozess auf der Basis eines Kundenauftrages

Die folgende Abbildung skizziert vereinfacht den grundsätzlichen Ablauf des Geschäftsprozesses Kundenauftragsabwicklung in Verbindung mit dem Leistungserstellungs- und Beschaffungsprozess im ERP-System.

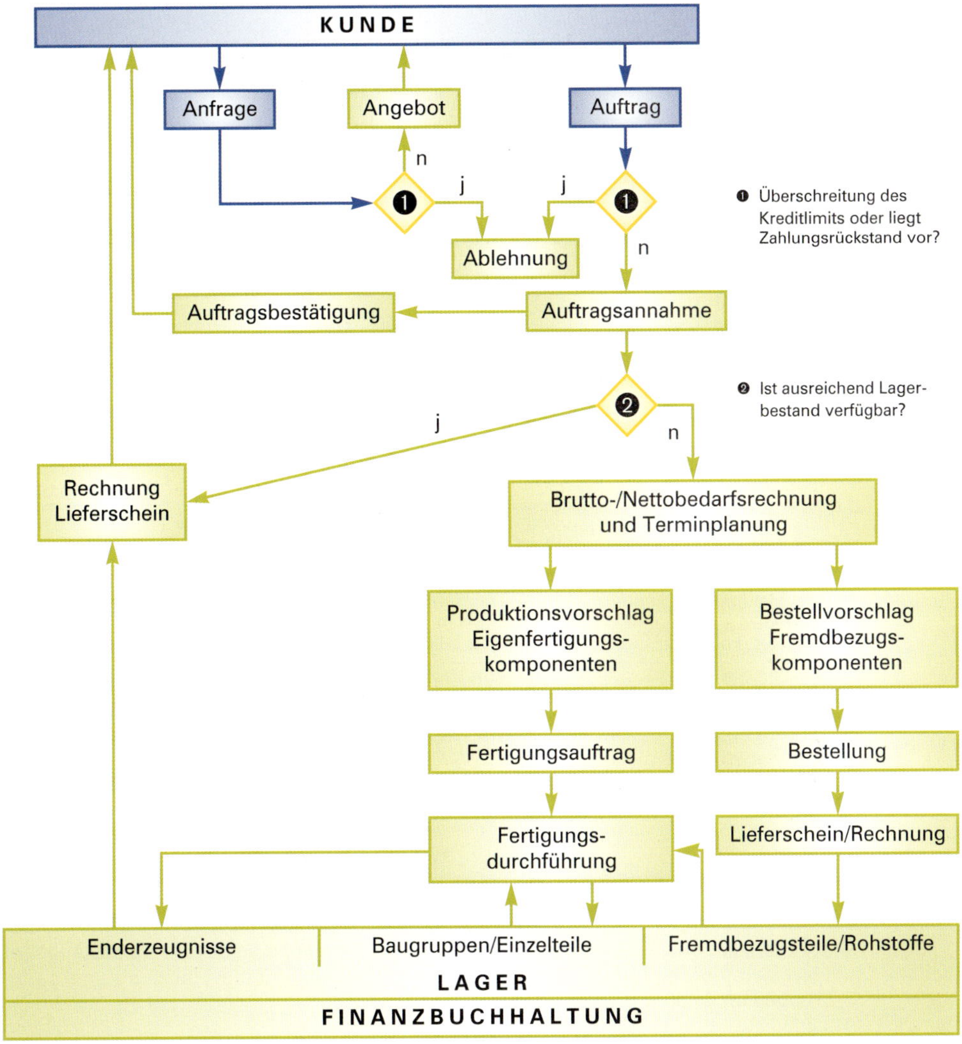

Erläuterung:

Bei einem Auftragseingang (mit oder ohne vorausgegangenes Angebot) prüft das ERP-System im Rahmen der Auftragserfassung neben der Bonität (Kreditlimit, Zahlungsrückstand) des Kunden, ob ein ausreichender Lagerbestand verfügbar ist.

Als Ergebnis muss hier eventuell in einen Leistungserstellungsprozess verzweigt werden. Dabei leistet das System bereits Unterstützung, indem in einem Planungsvorschlag simultan eine Brutto-/Nettobedarfsrechnung und eine Terminplanung durchgeführt wird, die in einen Produktions- und einen

Bestellvorschlag einmündet. Diese Vorschläge werden nach eventuell vorheriger Abänderung in einen Fertigungsauftrag und in Materialbestellungen überführt.

Sind die Rohstoffe und Fremdbezugskomponenten angeliefert, kann stufenweise die Fertigung der Einzelteile und Baugruppen bis hin zum Enderzeugnis erfolgen, um schließlich dem Kunden das Enderzeugnis ausliefern zu können.

Übungsaufgabe

18 1. **Anfrage und Angebot**

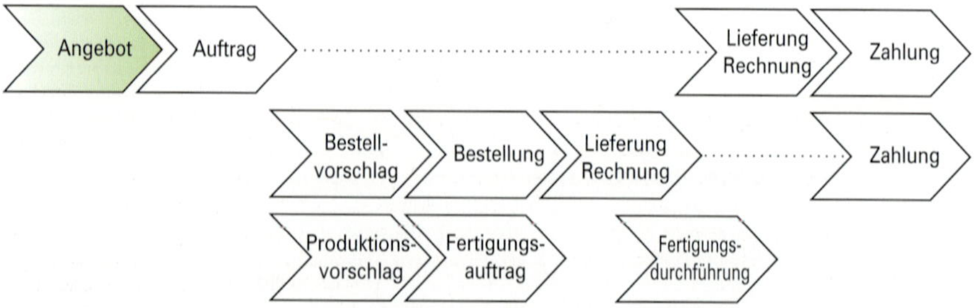

Von der Heimwerkermarkt GmbH, die bereits Kunde der HWR GmbH ist, ging folgende E-Mail ein:

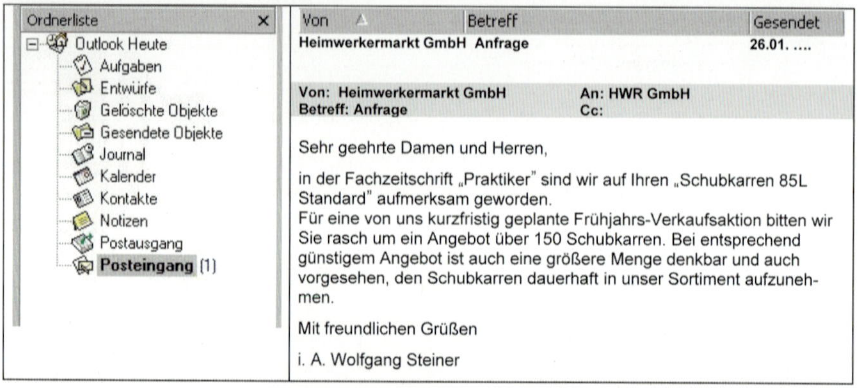

(1) Prüfen Sie vor einer eventuellen Angebotsabgabe anhand der Debitorenkarte im Modul *Verkauf*, ob der Kunde das eingeräumte Kreditlimit überschreitet, falls das Angebot zu einem Auftrag führen würde und ob der Kunde aufgrund eventuell früherer Lieferungen im Zahlungsrückstand ist!

Bearbeitungshinweis:

Einen raschen Überblick über die „offene Posten" der Kunden erhält man über das Register *Allgemein* der betreffenden Debitorenkarte.

Über die Pfeilschaltfläche im Betragsfeld *Saldo* öffnet sich im Weiteren die Anzeige der offenen Posten.

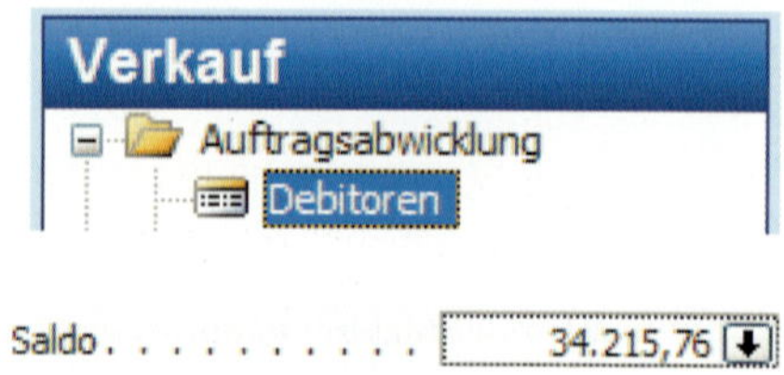

(2) Erstellen Sie unter dem Arbeitsdatum des 27.01. für die Heimwerkermarkt GmbH ein Angebot mit Einräumung eines Rabattes!

Bearbeitungshinweis:

Da die Heimwerkermarkt GmbH ein guter Kunde ist, soll im Falle einer Überschreitung des Kreditlimits oder bei fälligen offenen Posten trotzdem ein Angebot abgegeben werden.

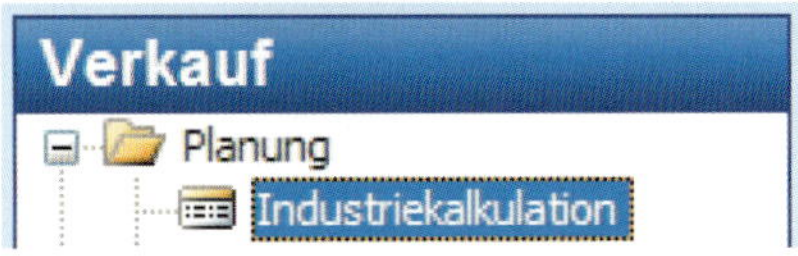

Beachten Sie bei Ihrer Rabattfestlegung, dass die HWR GmbH unter Berücksichtigung der den Kunden eingeräumten Zahlungsbedingung beim Schubkarren mindestens eine Gewinnspanne von 7,5 % realisieren möchte und für eventuelle Angebotsnachverhandlungen noch ein Rabattzugeständnis möglich sein soll. Der Nettoverkaufspreis des Schubkarrens ist in der Artikelkarte hinterlegt. Wie weiter vorne bereits ermittelt wurde, betragen die Herstellkosten des Schubkarrens 40,00 EUR und die HWR GmbH kalkuliert mit 15 % Verwaltungs- und Vertriebsgemeinkosten.

	Vorwärtskalkulation	Rückwärtskalkulation
Herstellkosten Schubkarren	EUR	
+ Verwaltungs-/Vertriebsgemeinkosten	EUR	
Selbstkosten	EUR	
+ Gewinn (Differenz)	**EUR**	
Barverkaufspreis		EUR
+ Skonto		EUR
Zielverkaufspreis		EUR
+ Rabatt		EUR
Nettoverkaufspreis		EUR

2. Angebot und Auftrag

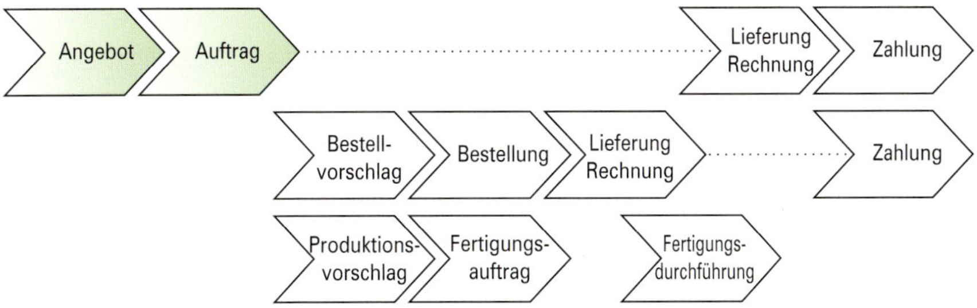

Am 01.02. meldet sich Herr Steiner von der Heimwerkermarkt GmbH telefonisch aufgrund des abgegebenen Angebotes. Um „ins Geschäft zu kommen“ musste nach zähen Verhandlungen ein Rabatt von 8 % zugestanden werden. Allerdings gelang es, eine Auftragsmenge von 200 Stück zu vereinbaren. Die Lieferung sollte – wenn möglich – bis zum 20.02. erfolgen.

(1) Ermitteln Sie, wie viel Prozent Gewinn der HWR GmbH bei diesem Auftrag aufgrund des gewährten Rabattes und der geltenden Zahlungsbedingung verbleiben, wenn sämtliche Kalkulationsdaten sich unverändert realisieren lassen!

(2) Erzeugen Sie unter dem Arbeitsdatum des 01.02. aus dem vorhandenen Angebot unter Berücksichtigung der Verhandlungsergebnisse einen Auftrag und drucken Sie die Auftragsbestätigung aus!

(3) Inwiefern ist aus der Artikel- bzw. Lagerhaltungsdatenkarte des Artikels Nr. „220001 Schubkarren 85L Standard" im Register *Allgemein* ersichtlich, dass ein zu erfüllender Kundenauftrag vorliegt?

3. **Auftrag und Fertigungsprozessplanung**

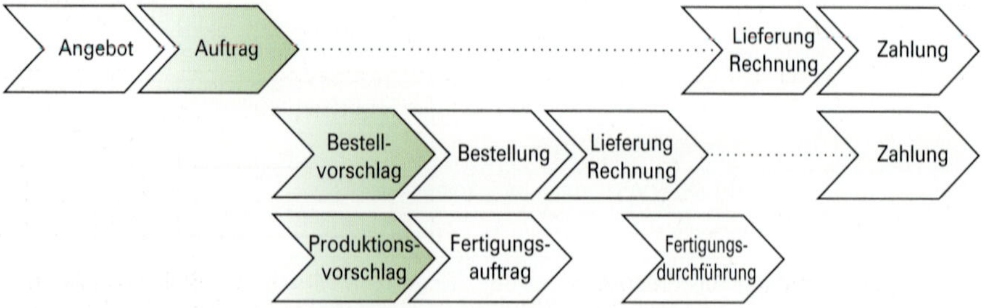

Aufgrund des vorliegenden Kundenauftrages soll nun die Termin- und Materialbedarfsplanung vorgenommen werden. Die HWR GmbH hat von den einzelnen Komponenten des Schubkarrens keinerlei Bestände auf Lager. Bestellungen für die erforderlichen Fremdbezugskomponenten sind bislang ebenfalls noch nicht erfolgt.

(1) **Terminplanung (Rückwärtsrechnung)**

Zunächst muss geprüft werden, ob der vom Kunden gewünschte Liefertermin möglich ist. Führen Sie nach dem Muster der nachfolgenden Strukturgrafik die Terminplanung (Rückwärtsrechnung) durch!

Bearbeitungshinweis:

Aus Gründen der Vereinfachung und besseren manuell-rechnerischen Nachvollziehbarkeit soll unterstellt werden, es gäbe keine arbeitsfreien Tage (z.B. Samstage, Sonntage, Feiertage, Urlaub usw.).

Bei den Fremdbezugskomponenten können im Modul *Lager* aus der Artikel- bzw. Lagerhaltungsdatenkarte die Wiederbeschaffungstage entnommen werden. Der Bestelltag selber gehört nicht zur Wiederbeschaffungszeit. Die Fremdbezugskomponenten haben eine Vorlaufzeit von 1 Tag, d.h., sie müssen bis Ende des Vortages der fertigungstechnischen Verwendung im Betrieb angeliefert sein.

Die einzelnen Arbeitsgänge laut Arbeitsplan zur Herstellung einer Eigenfertigungskomponente laufen stets nacheinander (seriell) ab. Voneinander unabhängige Baugruppen können jedoch parallel gefertigt werden. Eine Arbeitsschicht im Betrieb beträgt täglich 8 Stunden (8.00 Uhr – 16.00 Uhr ohne Unterbrechung). Weiterhin ist zu berücksichtigen, dass die Fertigstellung des Schubkarrens spätestens am Vortag des Lieferdatums erfolgen muss.

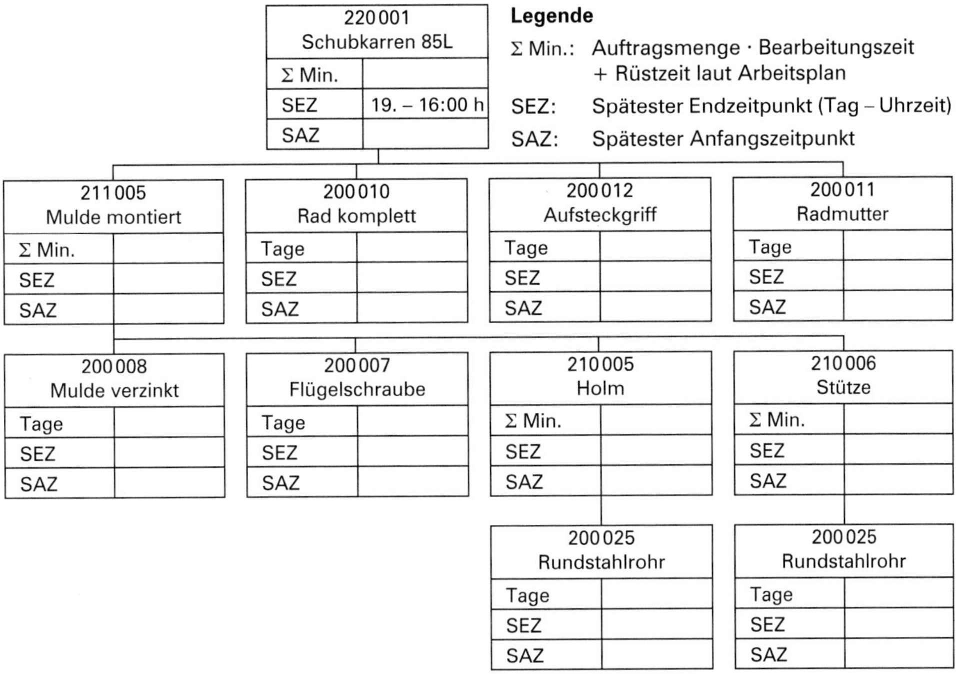

(2) Erstellen Sie entsprechend dem folgenden Muster ein Balkendiagramm (Gantt-Diagramm), aus dem die spätesten Bestellzeitpunkte sowie die Beschaffungs- und Fertigungszeiträume der einzelnen Komponenten ersichtlich werden!

220001 Schubkarren																		
200010 Rad komplett																		
200011 Radmutter																		
200012 Aufsteckgriff																		
211005 Mulde montiert																		
200007 Flügelschraube																		
200008 Mulde verzinkt																		
210005 Holm																		
210006 Stütze																		
200025 Rundstahlrohr																		
Kalendertag Februar	3	4	5	6	7	8	9	10	11	12	13	14	15	16	17	18	19	20

(3) **Bedarfsplanung**

Unter dem (Primär-)Bedarf versteht man die Mengen an Erzeugnissen, die der Kunde aufgrund seines Auftrages wünscht. Für diesen (Primär-)Bedarf müssen nun die Mengen (Sekundärbedarf) der zu fertigenden und einzukaufenden Komponenten ermittelt werden. Vom sogenannten Bruttobedarf spricht man, wenn bei der Bedarfsermittlung keine eventuell vorhandenen Lagerbestände berücksichtigt (abgezogen) werden. Aufgrund der Erzeugnisstruktur wird ein Bruttobedarf (Kundenauftragsmenge) multipliziert mit der jeweiligen Menge auf der darunterliegenden Fertigungsstufe, so ergibt dies wiederum den dortigen Bruttobedarf. Zieht man vom jeweiligen Bruttobedarf den Lagerbestand ab, erhält man den Nettobedarf.

Begründen Sie, warum im vorliegenden Fall der Brutto- und Nettobedarf identisch ist!

(4) **Bruttobedarfsrechnung**

Führen Sie auf der Basis der Erzeugnisstruktur entsprechend dem nachfolgenden Muster eine Bruttobedarfsrechnung für den Kundenauftrag durch!

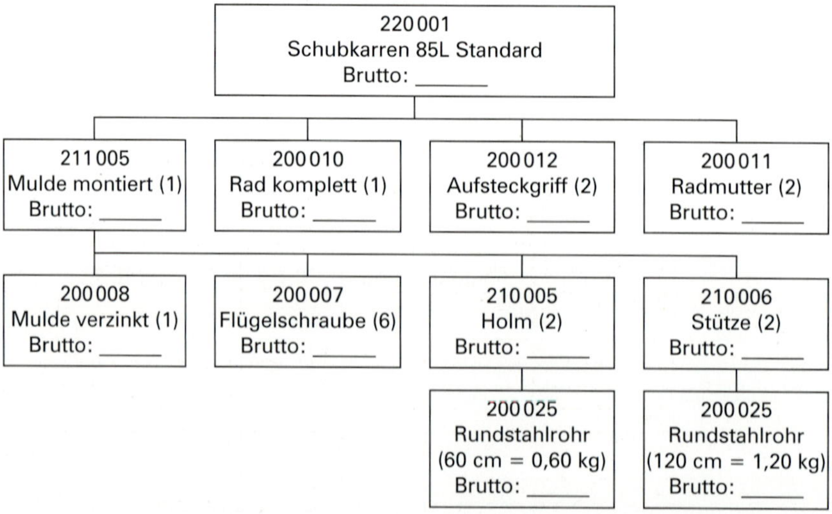

(5) **Brutto-/Nettobedarfsrechnung**

Bei einer Brutto-/Nettobedarfsermittlung werden Lagerbestände berücksichtigt. Darüber hinaus sind jedoch im Weiteren bei der Planung neben dem tatsächlichen (effektiven) Lagerbestand weitere Faktoren rechnerisch zu berücksichtigen:

Sicherheitsbestand	Festgelegter Bestand, der für Eventualfälle immer im Lager sein sollte
Menge in Auftrag	Reservierungen des Lagerbestands für andere Aufträge
Menge in Bestellung	Bereits bestellte, aber noch nicht angelieferte Menge
Menge in Fertigung	Bereits in Produktion befindliche, aber noch nicht fertiggestellte Menge

Werden neben dem (effektiven) Lagerbestand diese Faktoren berücksichtigt, so spricht man vom **disponierbaren Lagerbestand.**

Merke: Bruttobedarf – disponierbarer Lagerbestand = Nettobedarf

	Lagerbestand (effektiv)
–	Sicherheitsbestand
–	Menge in Auftrag
+	Menge in Bestellung
+	Menge in Fertigung
=	disponierbarer Lagerbestand

Nehmen Sie an, die Lagerhaltungsdatenübersicht mit dem erfassten Kundenauftrag würde nachfolgendes Bild anzeigen:

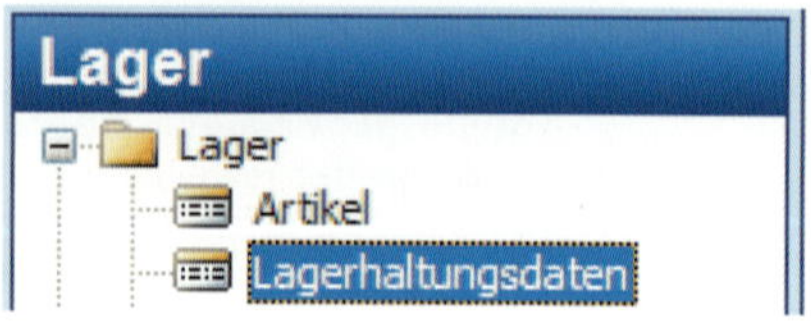

Lagerhaltungsdatenübersicht

Artikelnr.	Beschreibung	Lagerbestand	Sicherheitsbestand	Menge in Bestellung	Menge in Auftrag	Beschaffungsmethode
220001	Schubkarren 85 L Standard	75	0	0	200	Fertigungsauftrag
211005	Mulde montiert	0	0	0	0	Fertigungsauftrag
210006	Stütze	0	0	0	0	Fertigungsauftrag
210005	Holm	0	0	0	0	Fertigungsauftrag
200025	Rundstahlrohr	130	90	0	0	Einkauf
200012	Aufsteckgriff	90	50	0	0	Einkauf
200011	Radmutter	80	50	0	0	Einkauf
200010	Rad komplett	50	25	0	0	Einkauf
200008	Mulde verzinkt	45	25	0	0	Einkauf
200007	Flügelschraube	240	150	0	0	Einkauf

Führen Sie mithilfe der weiter vorne stehenden Erzeugnisstruktur des Schubkarrens eine Brutto-/Nettobedarfsrechnung nach dem Muster der nachfolgenden Tabelle bzw. Strukturgrafik durch!

Artikel	Brutto-bedarf	+ effektiver Lagerbestand	- Sicherheits-bestand	- Menge in Auftrag	+ Menge in Bestellung	+ Menge in Fertigung	= dispo. Lagerbestand	Netto-bedarf
220001								
200010								
200011								
200012								
211005								
200007								
200008								
210005								
210006								
200025								

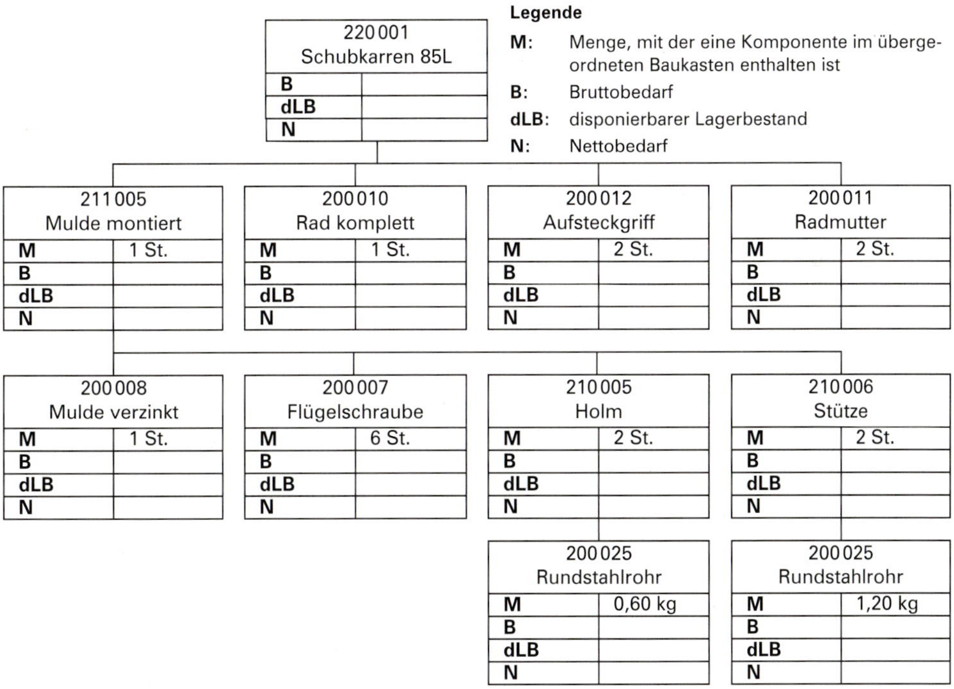

(6) Lassen Sie sich im Modul *Produktion* über *Planungsvorschläge* die vorläufige Planung zur Terminberechnung (Rückwärtsterminierung) und zur Brutto-/Nettobedarfsrechnung anzeigen und gleichen Sie diese mit Ihrer Terminplanung und Bruttobedarfsplanung ab!

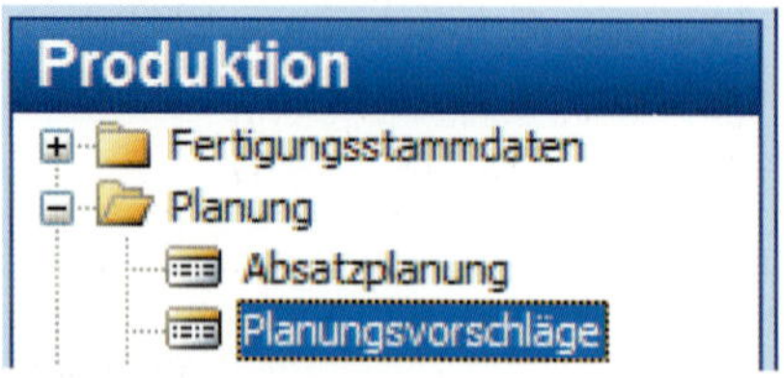

Bearbeitungshinweis:

Im Register *Optionen* ist das Auftragsdatum und Enddatum der Auftragsabwicklung als Planungshorizont für die Berechnungen anzugeben.

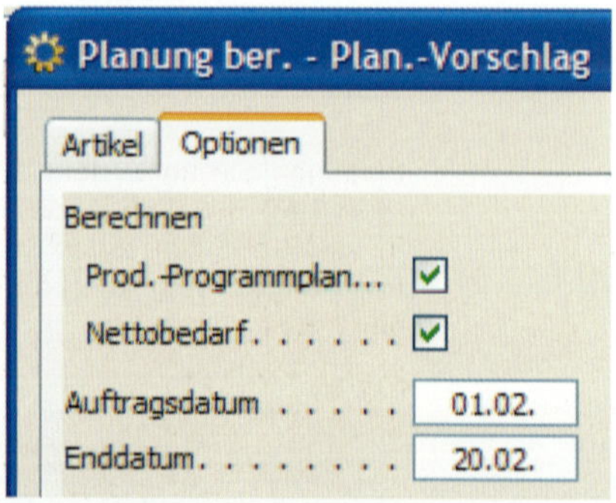

(7) Begründen Sie, warum Ihre manuelle Terminberechnung bei den Komponenten „210006 Stütze" und „200025 Rundstahlrohr" von der des Planungsvorschlages abweicht!

Bearbeitungshinweis:

Schauen Sie sich hierzu die Arbeitspläne der Komponenten „210005 Holm" und „210006 Stütze" an und an welchen Arbeitsplätzen die einzelnen Arbeitsgänge stattfinden!

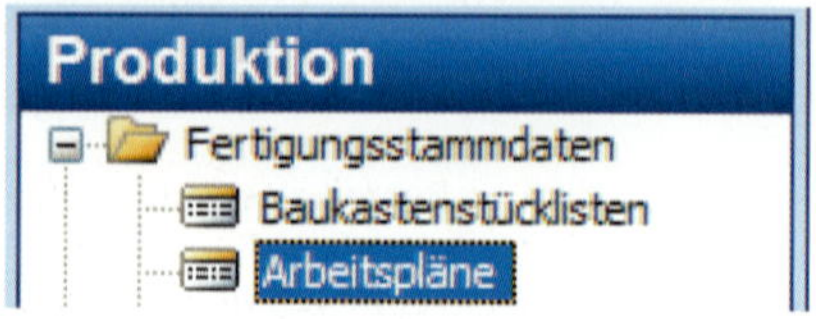

4. **Materialbestellung und Fertigungsauftrag**

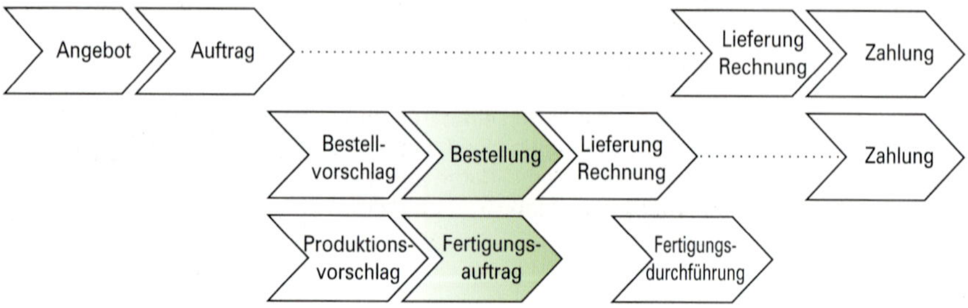

(1) Der Planungsvorschlag, der mit einer Mengenübersichtsstückliste vergleichbar ist, zeigt an, dass ein Beschaffungs- und Fertigungsbedarf aufgrund des Kundenauftrages als Ereignis eingetreten ist. Diese Mengenübersichtsstückliste wird nun aufgeteilt in die Komponenten, die durch Einkauf über eine Bestellung zu beschaffen sind sowie in die Komponenten, die in der Produktion über einen Fertigungsauftrag herzustellen sind.

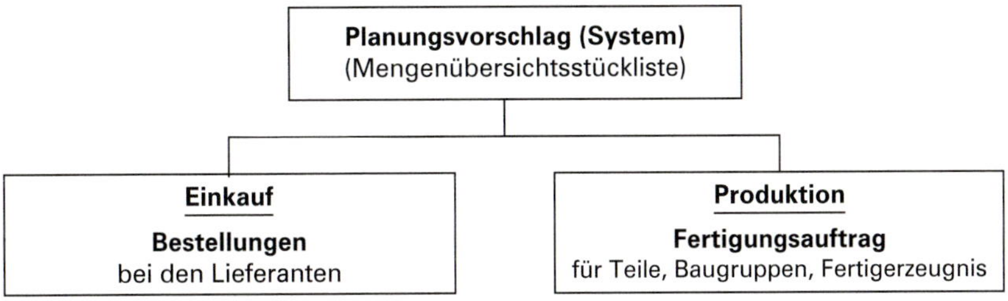

Erzeugen Sie unter dem Arbeitsdatum des 01.02. aus dem Planungsvorschlag für die Produktion einen fest geplanten Fertigungsauftrag sowie für den Einkauf einen Bestellvorschlag!

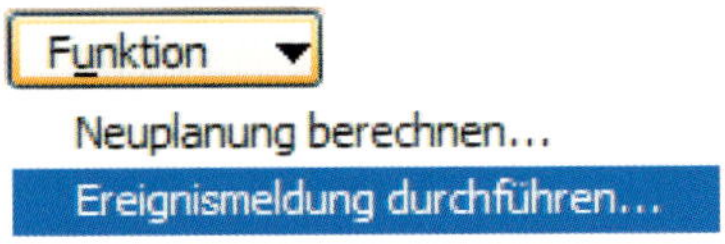

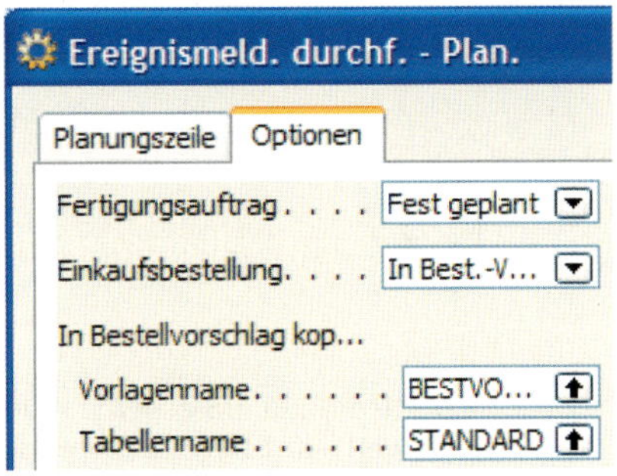

(2) Begründen Sie, warum es sinnvoll ist, die vom System laut Planungsvorschlag benötigten Materialmengen zunächst in einen noch änderbaren Bestellvorschlag zu kopieren, statt sofort Bestellungen daraus zu erzeugen!

(3) Der Bestellvorschlag zeigt als Bestelldatum das aktuelle Datum (frühester Bestellzeitpunkt) sowie das Fälligkeitsdatum (erwartetes Lieferdatum) an. Gleichzeitig ist im Bestellvorschlag bereits der „Standardlieferant" des Artikels vermerkt.

Erzeugen Sie aus dem Bestellvorschlag (ohne mögliche Abänderung) die Bestellungen!

(4) Überprüfen Sie, ob das in den einzelnen Positionszeilen der erzeugten Bestellungen angegebene (späteste) Bestelldatum mit Ihrer Terminplanung in Aufgabe 3 (1) übereinstimmt!

(5) Die Komponenten 200008 und 200025 werden vom Lieferanten „44009 Focke & Co. KG“ und die Komponenten 200007, 200010, 200011 und 200012 vom Lieferanten „44003 Breuer-Technik GmbH & Co. KG“ bezogen.

Wann müssen die Komponenten unter praktischen Gesichtspunkten spätestens bestellt werden, wenn beim einzelnen Lieferanten eine Lieferzusammenfassung vorgenommen werden soll?

(6) Inwiefern ist am Beispiel der Komponente „200007 Flügelschraube“ und der Baugruppe „211005 Mulde montiert“ aus der Artikel- bzw. Lagerhaltungsdatenkarte ersichtlich, dass eine Bestellung bzw. ein Fertigungsauftrag vorliegen?

5. **Lieferung und Eingangsrechnung der Fremdbezugskomponenten**

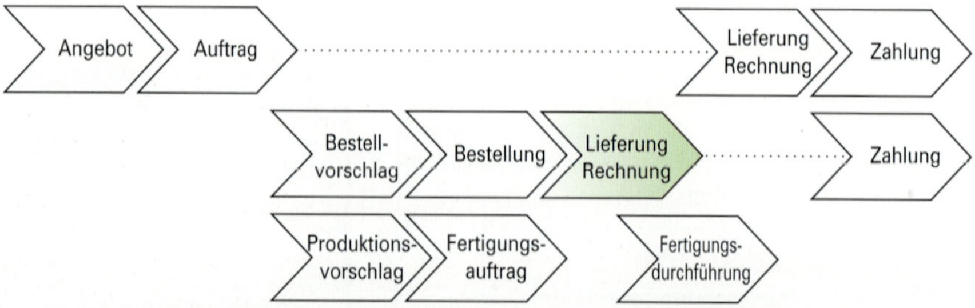

(1) Am 10.02. bzw. 14.02. gehen gleichzeitig mit den Lieferungen nachfolgende Rechnungen bei der HWR GmbH ein. Prüfen Sie, ob die Eingangsrechnungen mit den Bestellungen übereinstimmen und geben Sie die Buchungssätze für die Belege an!

Buchen Sie die Bestellungen als Lieferung und Rechnung in das System ein!

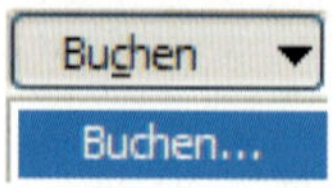

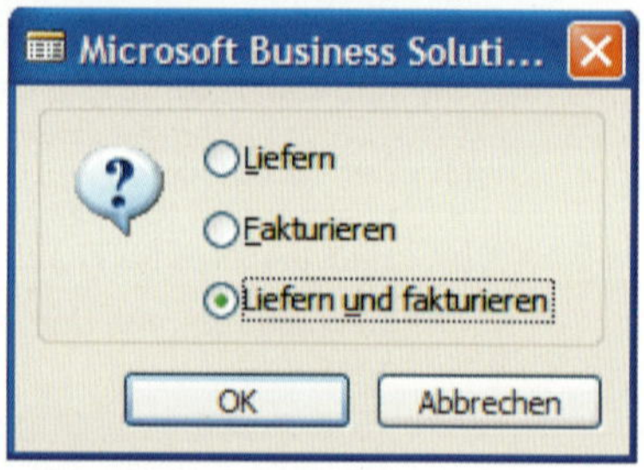

Bearbeitungshinweis:

Aktualisieren Sie in der Bestellung die Datumsangaben und ergänzen Sie die Kreditorenrechnungsnummer!

Focke & Co. KG

Lichtensteinstr. 23
72766 Reutlingen

☎ 07121 33411
Fax 07121 33413

Focke & Co. KG * Lichtensteinstr. 23 * 72766 Reutlingen

HWR GmbH
Im Industriegebiet 20
72336 Balingen

RECHNUNG

Rechn.-Nr.	Kunden-Nr.	Rechn.-Datum
80258	34657	10.02. ....

Art.-Nr.	Text	Menge	Einzelpreis	Betrag
74950	Rundstahlrohr	720	2,00	1.440,00
35795	Mulde verzinkt	200	7,44	1.488,00

Nettowarenwert	19 % MwSt	Endbetrag
2.928,00	556,32	3.484,32

Zahlungsbedingung: 3% Skonto innerhalb 8 Tage / Zahlungsziel 30 Tage

Bank: Landesgirokasse
IBAN DE14 6405 0181 0000 6718 23
BIC SOLADEST460

Sitz/Registergericht:
Reutlingen, Amtsgericht Reutlingen HRA 498

UST-ID-Nr.: DE 246867982 Steuer-Nr.: 26083/124819

BREUER-TECHNIK GmbH & Co. KG

Achalmstr. 23
72766 Reutlingen

☎ 07121 426387
Fax 07121 426388

Breuer GmbH & Co. KG * Achalmstr. 23 * 72766 Reutlingen

HWR GmbH
Im Industriegebiet 20
72336 Balingen

RECHNUNG

Rechn.-Nr.	Kunden-Nr.	Rechn.-Datum
35543	85492	14.02. ....

Art.-Nr.	Text	Menge	Einzelpreis	Betrag
48623	Flügelschraube	1200	0,08	96,00
49163	Rad komplett	200	6,72	1.344,00
8923	Radmutter	400	0,12	48,00
18271	Aufsteckgriff	400	0,16	64,00

Nettowarenwert	19 % MwSt	Endbetrag
1.552,00	294,88	1.846,88

Zahlungsbedingung: 2% Skonto innerhalb 14 Tage / Zahlungsziel 30 Tage

Bank: Baden - Württembergische Bank
BIC: SOLADEST640 - IBAN: DE08640200300000832555

Sitz/Registergericht:
Reutlingen, Amtsgericht Reutlingen HRA 883

UST-ID-Nr.: DE 165329875 Steuer-Nr.: 23027/102477

(2) Erläutern Sie, welche Änderung sich in der Artikel- bzw. Lagerhaltungsdatenkarte durch das Buchen der Lieferung ergeben hat!

7 Hahn ISBN 978-3-8120-0581-4

6. **Fertigungsdurchführung**

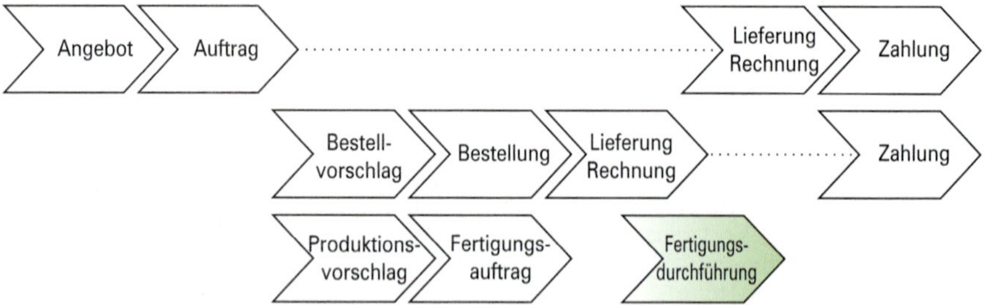

(1) Nachdem das Material angeliefert ist, kann nun über die Schaltflächen *Funktion / Status ändern* der fest geplante Fertigungsauftrag freigegeben werden.

Führen Sie die Freigabe des Fertigungsauftrages unter dem Datum des 11.02. über *Status ändern* durch!

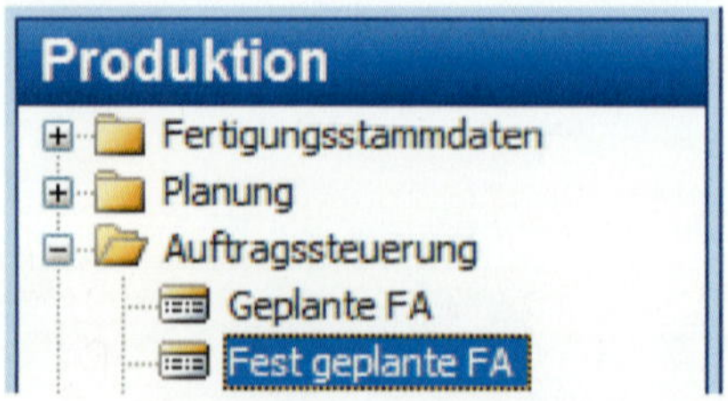

(2) Überprüfen Sie die Terminplanung auch anhand der grafischen Plantafel im System!

(3) Mit der Auftragsfreigabe wird mit der Fertigung der „untersten" Komponenten „210006 Stütze" und „210005 Holm" begonnen.

Am 14.02. erhalten Sie folgende Fertigmeldungen dieser Komponenten.

Fertigmeldung: 210 006 Stütze			
Arbeitsgang Nr.	Arbeitsplatz Nr.	Zeit/Min.	Menge/St.
10	100	200	400
20	301	200	400
30	302	300	400
40	400	400	400
50	310	300	400

Fertigmeldung: 210 005 Holm			
Arbeitsgang Nr.	Arbeitsplatz Nr.	Zeit/Min.	Menge/St.
10	100	200	400
20	301	200	400
30	302	200	400
40	400	200	400
50	310	200	400

Buchen Sie den Materialverbrauch und die Fertigstellung der Komponenten „210006 Stütze“ und „210005 Holm“ über das *Produktionsbuchungsblatt!*

Bearbeitungshinweis:

Materialverbrauch und Fertigstellung der einzelnen Baugruppen erfolgen nach Fertigungsstufen. Beim Schubkarren sind dies zunächst die beiden Baugruppen „210006 Stütze“ sowie „210005 Holm“.

Über das *Produktionsbuchungsblatt* kann zeilenweise der Materialverbrauch und gleichzeitig die Fertigstellung Baugruppe für Baugruppe gebucht werden.

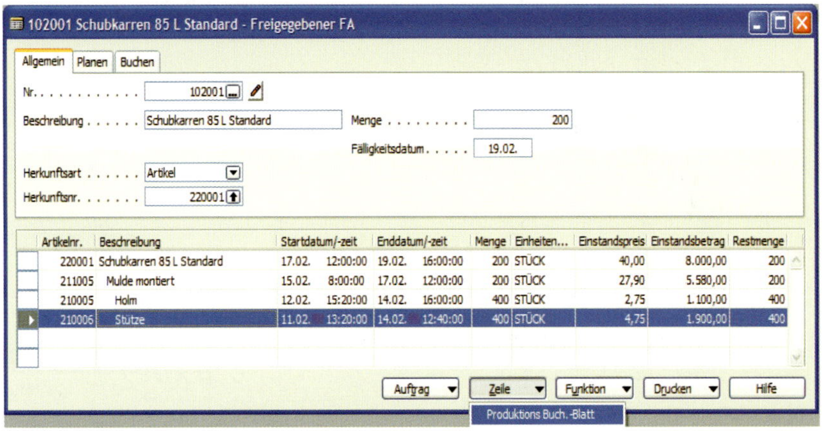

Im Produktionsbuchungsblatt sind die aus der Fertigung gemeldeten Bearbeitungszeiten für die einzelnen Arbeitsgänge zu erfassen.

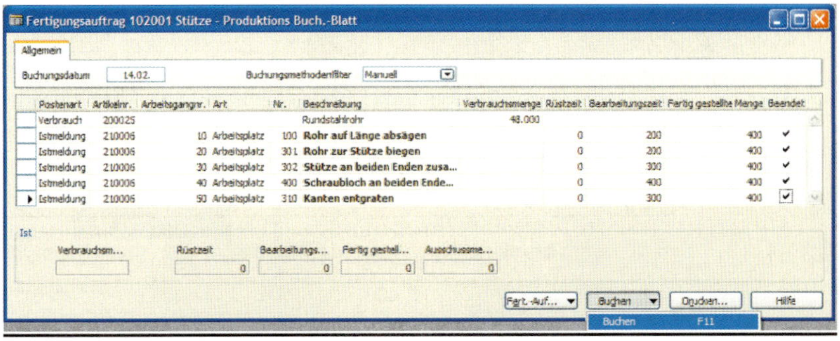

Über die Schaltflächen *Buchen / Buchen* wird die Baugruppe mengen- und wertmäßig im Lager und in der Finanzbuchhaltung zugebucht.

(4) Begründen Sie, wie sich nach der Fertigstellung von „Holm“ und „Stütze“ der im Konto „Unf. Erzeugn. (gefert. Teile)“ ausgewiesene Bestandswert erklärt!

(5) Am 17.02. erhalten Sie die Fertigmeldung der Baugruppe „211 005 Mulde montiert“ und am 19.02. die Meldung über die Fertigstellung der Schubkarren.

Fertigmeldung: 211 005 Mulde montiert			
Arbeitsgang Nr.	Arbeitsplatz Nr.	Zeit/Min.	Menge/St.
10	710	1 200	200

Fertigmeldung: 220 001 Schubkarren 85L Standard			
Arbeitsgang Nr.	Arbeitsplatz Nr.	Zeit/Min.	Menge/St.
10	720	1 200	200

Buchen Sie den Materialverbrauch und die Fertigstellung der Baugruppe „Mulde montiert“ und des Schubkarrens analog zu den Komponenten Holm und Stütze!

(6) Begründen Sie, wie sich nach der Fertigstellung der Baugruppe „220001 Schubkarren 85L Standard“ im Kontenplan der im Konto „2200 Fertigerzeugnisse“ ausgewiesene Bestandswert erklärt!

(7) Welche Veränderung ergibt sich durch die Fertigstellung in der Artikel- bzw. Lagerhaltungsdatenkarte des Artikels „220001 Schubkarren 85L Standard“?

7. **Lieferung und Ausgangsrechnung**

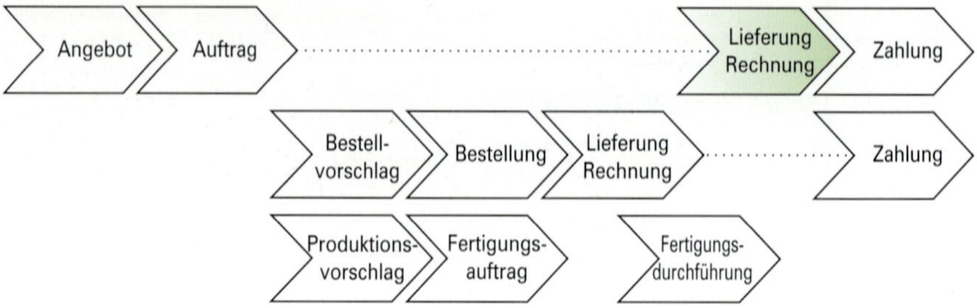

Die Auslieferung des Auftrages über 200 Schubkarren mit gleichzeitiger Rechnungsstellung erfolgt am 20.02. an den Kunden.

(1) Buchen Sie unter dem Arbeitsdatum des 20.02. den Kundenauftrag als Lieferung und Rechnung!

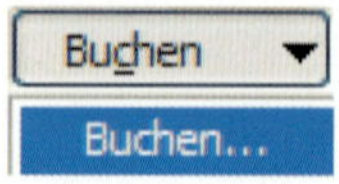

Drucken Sie die Rechnung aus!

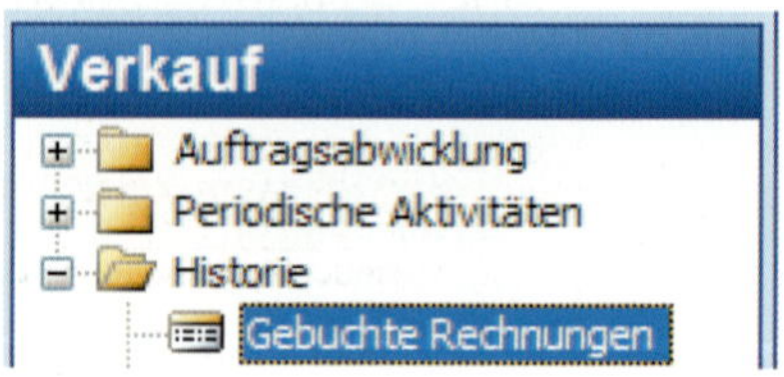

(2) Welche Auswirkung hat die Auslieferung des Auftrages in der Artikel- bzw. Lagerhaltungsdatenkarte des Artikels „220001 Schubkarren 85L Standard"?

(3) Geben Sie an, welche Buchungen sich in der *Finanzbuchhaltung* durch die Auslieferung bzw. durch den Verkauf der Schubkarren ergeben!

(4) Vergleichen Sie Ihre Buchungen mit denen des Systems in der *Finanzbuchhaltung* anhand der Journale *Lagerwertbuch* und *Verkauf!*

8. **Zahlungsabwicklung**

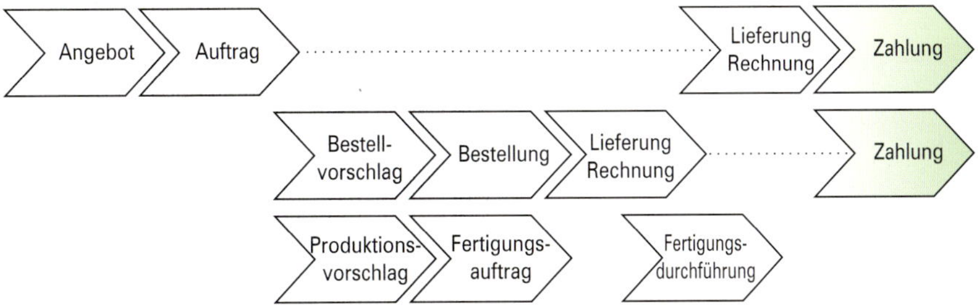

Die HWR GmbH erhält von ihrer Hausbank nachfolgenden Kontoauszug, der die Zahlungsvorgänge im Zusammenhang mit der Produktionsaufnahme und der Kundenauftragsabwicklung beinhaltet.

SPARKASSE ZOLLERNALB **Auszug 7** **IBAN: DE47 6535 1260 0024 9991 11**

Tag	Text	Wert	Belastung	Gutschrift
	Alter Kontostand vom 15.02.		EUR	118.774,85+
16.02	FOCKE & CO. KG R-NR 80258, ABZÜGL. SKONTO KD-NR 34657	16.02	3.379,79	
25.02	BREUER-TECHNIK GMBH & CO. KG KD-NR 85492, R-NR 35543 ABZÜGL. SKONTO	25.02	1.809,94	
03.03	HEIMWERKERMARKT GMBH R-NR 25516, KD-NR 24001	03.03		11.650,00
	Neuer Kontostand vom 03.03.			125.235,12+
++++	**NEUER ZINSSATZ SEIT 15.01. 10,75%**			

(1) Prüfen Sie die sachliche und rechnerische Richtigkeit der Überweisungen, die laut Kontoauszug an die beiden Lieferanten vorgenommen wurden!

Bearbeitungshinweis:

Ein Überblick über die noch zu zahlenden Rechnungen („offene Posten“) eines Lieferanten erhält man über das Register *Allgemein* der betreffenden Kreditorenkarte. Über die Pfeilschaltfläche im Betragsfeld *Saldo* öffnet sich im Weiteren die Anzeige der offenen Posten.

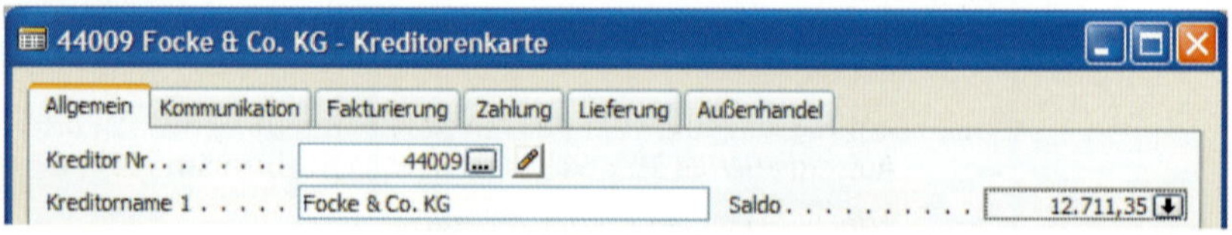

(2) Ermitteln Sie, ob es für die HWR GmbH von Vorteil gewesen wäre, auch bei Inanspruchnahme des Kontokorrentkredites der Bank zum im Kontoauszug genannten Zinssatz die Rechnung des Lieferanten Focke & Co. KG mit Skontoabzug zu zahlen!

(3) Geben Sie die Buchung für die vorgenommene Überweisung an den Lieferanten Focke & Co. KG an!

(4) Prüfen Sie analog zur vorigen Aufgabe (1) die sachliche und rechnerische Richtigkeit des Überweisungseinganges des Kunden 24001 Heimwerkermarkt GmbH!

(5) Sollte sich beim Zahlungseingang des Kunden eine Betragsdifferenz ergeben, so treffen Sie eine begründete Entscheidung, wie mit der Differenz verfahren werden soll!

(6) Geben Sie den Buchungssatz für den Überweisungseingang des Kunden an!

(7) Erfassen Sie über das Fibu-Buchungsblatt den Zahlungsausgleich „offener Posten“ des Kontoauszuges!

Bearbeitungshinweis:

Beim Verkaufsprozess ist bereits beispielhaft die Darstellung der Buchungserfassung für einen Zahlungseingang beschrieben. In analoger Weise erfolgt die Buchungserfassung für einen Zahlungsausgang.

Vor dem Buchen der erfassten Zahlungsvorgänge im Buchungsblatt sollte eine Kontoabstimmung erfolgen. Hierbei kann abgeglichen werden, ob die erfassten Zahlungsvorgänge in der Finanzbuchhaltung zum gleichen Kontostand führen wie im Bankkontoauszug ausgewiesen. Bei Abweichungen sind die erfassten Buchungen nochmals zu überprüfen. Hierdurch lassen sich spätere Korrekturbuchungen vermeiden.

(8) Führen Sie eine Kontoabstimmung durch und buchen Sie anschließend die erfassten Zahlungsvorgänge über die Schaltflächen *Buchen / Buchen* in das System ein!

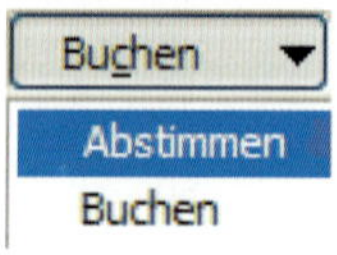

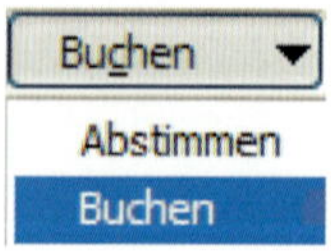

Übungsaufgabe

19 1. **Weitere Kundenaufträge**

Die Resonanz auf die Präsentation des neuen Schubkarrens in der Fachzeitschrift „Praktiker" war sehr erfolgreich. Zwei weitere Aufträge gingen bei der HWR GmbH telefonisch ein.

Führen Sie die Kundenauftragsabwicklung unter dem angegebenen Arbeitsdatum analog zu den Arbeitsschritten des vorausgegangenen Auftrags der Heimwerkermarkt GmbH anhand der nachfolgenden zeitlichen Ereignisse durch!

(1) 25.02. Auftragseingang vom Kunden „24002 Bauland AG":
Auftragsmenge 125 Stück, 5 % Rabatt, gewünschter Liefertermin 18.03.

27.02. Auftragseingang vom Kunden „24006 Hobby-Center GmbH":
Auftragsmenge 75 Stück, kein Rabatt, gewünschter Liefertermin 20.03.

Erfassen Sie die Kundenaufträge!

Bearbeitungshinweis:

Sollte bei den Kunden das Kreditlimit überschritten werden oder ein „überfälliger Saldo" gegeben sein, so soll der Auftrag trotzdem angenommen werden.

(2) 01.03. Aufgrund der im Betrieb recht angespannten terminlichen Situation sollen die Bestellungen nicht erst zum spätesten Zeitpunkt, sondern bereits jetzt durchgeführt werden. Außerdem soll vorsorglich die zu bestellende Materialmenge so erhöht werden, dass eine Produktion von weiteren 80 Schubkarren kurzfristig möglich ist.

Führen Sie die entsprechenden Arbeitsschritte bis zur Bestellung im System durch!

(3) 08.03. Die bestellten Materialien sind einschließlich der Eingangsrechnung Nr. 35584 von der Breuer-Technik GmbH & Co. KG und der Eingangsrechnung Nr. 80294 von der Focke & Co. KG bei der HWR GmbH eingetroffen.

Buchen Sie die Materialeingänge!

Berechnen Sie auch, welchen Betrag an Kapitalbindungskosten die eingekaufte Materialmenge bei einem Kontokorrentzinssatz der Bank von 10,75 % pro Tag verursacht!

(4) 09.03. Der Fertigungsauftrag wird freigegeben.

Die Fertigstellung der nachfolgenden Komponenten wird von der Produktion gemeldet.

Führen Sie die entsprechenden Arbeitsschritte durch!

12.03.

Fertigmeldung: 210 006 Stütze			
Arbeitsgang Nr.	Arbeitsplatz Nr.	Zeit/Min.	Menge/St.
10	100	200	400
20	301	200	400
30	302	300	400
40	400	400	400
50	310	300	400

12.03.

Fertigmeldung: 210 005 Holm			
Arbeitsgang Nr.	Arbeitsplatz Nr.	Zeit/Min.	Menge/St.
10	100	200	400
20	301	200	400
30	302	200	400
40	400	200	400
50	310	200	400

15.03.

Fertigmeldung: 211 005 Mulde montiert			
Arbeitsgang Nr.	Arbeitsplatz Nr.	Zeit/Min.	Menge/St.
10	710	1200	200

(5) 16.03. Die Materialeingangsrechnungen der Lieferanten werden mit korrektem Skontoabzug laut Kontoauszug Nr. 8 der Sparkasse Zollernalb überwiesen.

Geben Sie auch den Buchungssatz für die Überweisung an die Focke & Co. KG an!

(6) 17.03. Die Endmontage des Schubkarrens wird abgeschlossen.

Fertigmeldung: 220001 Schubkarren 85L Standard			
Arbeitsgang Nr.	Arbeitsplatz Nr.	Zeit/Min.	Menge/St.
10	720	1200	200

Geben Sie den Buchungssatz für den Lagerzugang an Fertigerzeugnissen an!

(7) 18.03. Die beiden Aufträge werden einschließlich der Ausgangsrechnung an die Kunden versandt.

Geben Sie am Beispiel des Kunden Bauland AG an, welche Buchungen sich in der Finanzbuchhaltung durch die Auslieferung bzw. durch den Verkauf der Schubkarren ergeben und überprüfen Sie Ihre Buchungen anhand des Journals im ERP-System!

(8) 30.03. Von beiden Kunden gingen die Rechnungsbeträge unter korrektem Abzug von Skonto laut Kontoauszug Nr. 9 auf dem Konto bei der Sparkasse Zollernalb ein.

Geben Sie auch die entsprechende Buchung für den Zahlungseingang des Kunden Bauland AG an und vergleichen Sie diese anhand des Journals im ERP-System!

2. In der HWR GmbH werden die Fertigungsaufträge für die Schubkarrenproduktion sich künftig aus Kundenaufträgen, Betriebsaufträgen (lagerorientierte Produktion) oder einer Mischung aus beidem ergeben.

(1) Nennen Sie Gründe, warum in vielen Betrieben nicht nur kundenauftragsbezogen produziert werden kann, sondern auch lagerorientiert produziert werden muss!

(2) Die HWR GmbH möchte sich künftig bei den Fremdbezugskomponenten des Schubkarrens auf die bedarfsorientierte Dispositionsmethode „Los-für-Los" festlegen.

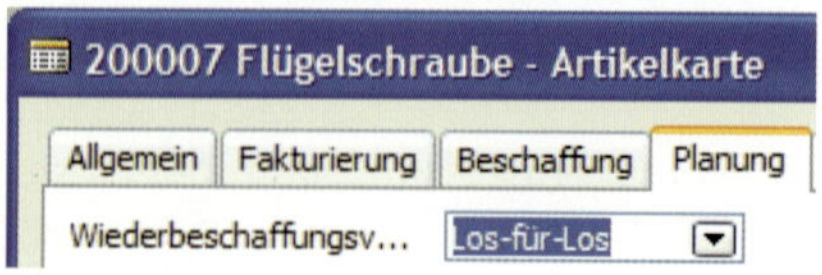

Erläutern Sie, was man unter bedarfsorientierter Beschaffung versteht und welche Auswirkung diese Entscheidung auf die Lagerbestandshaltung der Fremdbezugskomponenten des Schubkarrens hat!

3 Unterstützungsprozess Personalabrechnung und -verwaltung

3.1 Personalabrechnung und -verwaltung als Geschäftsprozess

Die bisher behandelten betrieblichen Geschäftsprozesse des Verkaufs, Einkaufs und der produzierenden Leistungserstellung sind Kernprozesse einer Unternehmung. Bei diesen Prozessen liegt insgesamt ein hohes Maß an Kundennähe vor.

Demgegenüber gehört die Personalabrechnung und -verwaltung zu den **Serviceprozessen (Supportprozessen).** Solche Prozesse haben keine direkte Schnittstelle zum Kunden, sondern sie unterstützen die oben genannten Kernprozesse unternehmensintern **(unterstützende Prozesse).**

3.2 Ablauf und Grundlagen des Geschäftsprozesses Personalabrechnung und -verwaltung

Während der Geschäftsprozess der Personalverwaltung ein fortwährender Prozess ist, vollzieht sich der eigentliche Prozess der Entgeltabrechnung (Lohn-/Gehaltsabrechnung) in der Regel im Monatsrhythmus, als allgemein üblichem Abrechnungszeitraum der Mitarbeiterverdienste.

Die Abwicklung des Personalabrechnungs- und -verwaltungsprozesses wird in der Praxis mit Unterstützung eines entsprechenden integrierten Moduls innerhalb der Unternehmenssoftware durchgeführt. Der Ablauf dieses Prozesses unterteilt sich in eine Reihe von Teilprozessen, für die sich im Sinne eines zielorientierten Vorgehens eine bestimmte Reihenfolge empfiehlt:

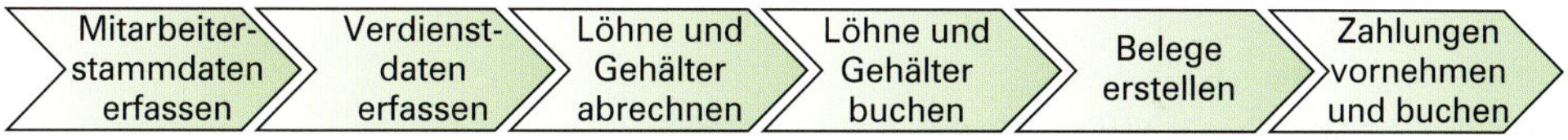

3.2.1 Mitarbeiterstammdaten erfassen bzw. aktualisieren

Die Erfassung von Mitarbeiterstammdaten fällt insbesondere bei Neueintritt eines Mitarbeiters im Unternehmen an. Die Mitarbeiterstammdaten geben Auskunft über die persönlichen Verhältnisse des Arbeitsnehmers, soweit sie das Arbeitsverhältnis betreffen und soweit sie Einfluss auf die Verdienstabrechnung haben.

Beispiele für Mitarbeiterstammdaten:

Name, Adresse, Kontaktdaten, Geburtsdatum, Familienstand, Kinderzahl, Konfession, Bankverbindung usw.

Die einmal erfassten Stammdaten erfordern eine laufende Pflege, insbesondere, wenn die Stammdaten sich bereits auf die nächste Lohn-/Gehaltsabrechnung auswirken. Dies ist insbesondere der Fall, wenn sich im Familienstand oder bei der Kinderzahl Änderungen ergeben haben, sodass der Mitarbeiter mit seinem Verdienst nach einer anderen Lohnsteuerklasse besteuert wird. Insgesamt gibt es sechs Lohnsteuerklassen, in denen die unterschiedlichen persönlichen Verhältnisse des Arbeitnehmers berücksichtigt werden.

Übersicht über die Lohnsteuerklassen

Steuer-klasse	Personenkreis
I	Arbeitnehmer, die (1) ledig oder geschieden sind; (2) verheiratet sind, aber von ihrem Ehegatten dauernd getrennt leben, oder wenn der Ehegatte nicht im Inland wohnt; (3) verwitwet sind und (4) bei denen die Voraussetzungen für die Steuerklasse III und IV nicht erfüllt sind.
II	Arbeitnehmer der Steuerklasse I, wenn bei ihnen der Entlastungsbeitrag für **Alleinerziehende** zu berücksichtigen ist.
III	**Verheiratete** Arbeitnehmer, von denen nur ein Ehegatte in einem Dienstverhältnis steht oder der andere Partner zwar arbeitet, aber in der Steuerklasse V eingestuft ist, und verwitwete Arbeitnehmer für das Kalenderjahr, in dem der Ehegatte verstorben ist.
IV	**Verheiratete** Arbeitnehmer, wenn **beide** Ehegatten Arbeitslohn beziehen.
V	Verheiratete Arbeitnehmer, die unter die Lohnsteuerklasse IV fallen würden, bei denen jedoch ein Ehegatte nach Steuerklasse III besteuert wird.
VI	Arbeitnehmer, die aus **mehr** als einem Arbeitsverhältnis (von verschiedenen Arbeitgebern) Arbeitslohn beziehen.

Die frühere Papier-Lohnsteuerkarte wurde von der elektronischen Lohnsteuerkarte abgelöst und durch ein **elektronisches Verfahren zur Erhebung der Lohnsteuer** ersetzt. In einer Datenbank beim Bundeszentralamt für Steuern (BZSt) werden sogenannte „**E**lektronische **L**ohn**St**euer**A**bzugs**M**erkmale" (kurz: ELStAM) der Beschäftigten wie z.B. Steuerklasse, Kirchensteuermerkmale, Zahl der Kinderfreibeträge usw. gesammelt und gespeichert.

Elektronische Lohnsteuerkarte

Arbeitnehmer	
Steuer-Identifikationsnummer:	48369147589
Name:	Nissar
Vorname:	Udo
Geburtstag:	31.08.1977
Arbeitgeber 1. Arbeitsverhältnis	
Name:	HWR GmbH
Anschrift:	Im Industriegebiet 20, 72336 Balingen
Lohnsteuerabzugsmerkmale	
Gültig ab:	01.01.20..
Steuerklasse:	1
Kirchensteuerabzug des Steuerpflichtigen:	rk
Kirchensteuerabzug des Ehegatten:	-
Zahl der Kinderfreibeträge:	0

Arbeitnehmer müssen zu Beginn des Arbeitsverhältnisses beim Arbeitgeber lediglich ihre steuerliche Identifikationsnummer und das Geburtsdatum angeben. Der Arbeitgeber ruft dann beim BZSt die dort hinterlegten lohnsteuerrelevanten Daten seiner Beschäftigten ab, um die Lohn- und Gehaltsabrechnungen zu erstellen.

Übungsaufgabe

20 1. Nennen Sie Beispiele für Mitarbeiterstammdaten!

2. Nennen Sie einige relevante Lohnsteuerabzugsmerkmale!

3. Der vorige Auszug aus der elektronischen Lohnsteuerkarte enthält die allgemeinen Besteuerungsmerkmale des Mitarbeiters Udo Nissar. Welchen Familienstand muss der Mitarbeiter aufgrund dieser Merkmale haben?

3.2.2 Verdienstdaten erfassen bzw. aktualisieren

Im allgemeinen Sprachgebrauch wird der Begriff **Gehalt** für ein monatlich gleichbleibendes Arbeitsentgelt benutzt, während ein Arbeitsentgelt, das auf Stundenlohnbasis berechnet wird und daher aufgrund einer unterschiedlichen Zahl von Arbeitstagen von Monat zu Monat schwanken kann, als **Lohn** bezeichnet wird. Zur Vereinfachung speziell der Lohnabrechnung wird in der betrieblichen Praxis vielfach auf Basis der gesamten Jahresarbeitszeit ein monatlicher Arbeitsstundendurchschnitt ausgerechnet, sodass jeder Monat mit einer gleichen Stundenzahl abgerechnet werden kann. Stundenunterschiede zwischen einzelnen Monaten werden über ein Arbeitszeitkonto ausgeglichen. Dies hat den Vorteil, dass auch die Lohnempfänger wie die Gehaltsempfänger mit grundsätzlich gleichbleibendem monatlichen Arbeitsentgelt abgerechnet werden können und dadurch der Abrechnungsaufwand deutlich reduziert wird.

Zusätzlich zum Lohn oder zum Gehalt kann der Arbeitgeber noch einen tarifvertraglichen oder im Arbeitsvertrag vereinbarten Zuschuss zur sogenannten vermögenswirksamen Anlage gewähren. Diese **vermögenswirksame Leistung** (kurz VWL oder VL) des Arbeitgebers ist arbeitsrechtlich Bestandteil des Lohns oder Gehalts.

Spart der Arbeitnehmer einen bestimmten Teil seines monatlichen Verdienstes (z.B. 40,00 EUR in der Anlageform eines Bausparvertrages oder einer Lebensversicherung) und bildet somit Vermögen, so wird dies vom Staat mit einer jährlichen **Arbeitnehmersparzulage** belohnt, sofern der Arbeitnehmer bestimmte Verdienstgrenzen nicht überschreitet.[1] Der vermögenswirksame Anlagebetrag (VWL) wird vom Arbeitgeber nicht an den Mitarbeiter ausgezahlt, sondern direkt auf das vom Arbeitnehmer benannte Anlagekonto überwiesen.

Neben **Geldbeträgen** können dem Arbeitnehmer auch **Sachwerte** (z.B. freie Kost und Wohnung oder Waren) zugeflossen sein. Welcher Wert für derartige Sachbezüge anzusetzen ist, richtet sich nach besonderen Verordnungen bzw. orientiert sich am Marktpreis. Neben den Sachbezügen zählen auch sogenannte **geldwerte Vorteile,** z.B. die kostenlose Zurverfügungstellung eines Firmenwagens, zum Arbeitsentgelt. Dem Arbeitnehmer werden dann die ersparten Aufwendungen, die für ein eigenes Auto dieses Typs anfallen, als Arbeitslohn hinzugerechnet.

Vor der Durchführung des Personalabrechnungsprozesses müssen die für die Abrechnung relevanten Verdienstdaten erfasst oder gegebenenfalls gegenüber dem Vormonat aktualisiert werden.

---

1 Siehe Fünftes Vermögensbildungsgesetz.

Beispiele:

Abrechnungsdaten: Matthias Obermann

Lohnartennr.	Bezeichnung	Tage	Datum	Einheiten	Satz	Betrag
1000	Gehalt	0,00		0,00	0,00	2.325,95
1600	VWL AG-Zuschuss	0,00		0,00	0,00	20,00
7000	VWL Vertrag 1	0,00		0,00	0,00	-40,00

Abrechnungsdaten: Udo Nissar

Lohnartennr.	Bezeichnung	Tage	Datum	Einheiten	Satz	Betrag
2000	Normalstunden	0,00		142,50	15,44	0,00
3000	Lohnfortzahlung	0,00		0,00	15,44	0,00
2020	Feiertagsstunden	0,00		7,50	15,44	0,00
3100	Urlaubsentgelt	0,00		0,00	15,44	0,00
1600	VWL AG-Zuschuss	0,00		0,00	0,00	20,00
7000	VWL Vertrag 1	0,00		0,00	0,00	-40,00

Übungsaufgabe

21
1. Nennen Sie wesentliche Bestandteile, aus denen sich das Bruttoentgelt eines Mitarbeiters zusammensetzen kann!
2. Warum kann der Verdienst von Lohnempfängern von Monat zu Monat schwanken?
3. Beschreiben Sie, wie man zur Vereinfachung der monatlichen Lohnabrechnung auf Stundenbasis die Verdienstschwankungen vermeiden kann!

3.2.3 Löhne und Gehälter abrechnen

Zieht man vom steuer- und sozialversicherungspflichtigen Bruttoentgelt die vom Arbeitnehmer zu tragende Lohn- und Kirchensteuer, den zurzeit erhobenen Solidaritätszuschlag und den Arbeitnehmeranteil an den Sozialversicherungsbeiträgen (Kranken-, Renten-, Pflege- und Arbeitslosenversicherung) ab, erhält man das Nettoentgelt. Zieht man vom Nettoentgelt die vermögenswirksame Anlage und gegebenenfalls einen bereits an den Mitarbeiter ausgezahlten Lohn- bzw. Gehaltsvorschuss ab, so ergibt sich der Auszahlungsbetrag an den Mitarbeiter.

In schematischer Darstellung ergibt sich folgendes Abrechnungsschema:

Bruttoentgelt	Gehalt, Lohn, Arbeitgeberzuschuss zur vermögenswirksamen Leistung
– **steuerliche Abzüge**	Lohnsteuer, Solidaritätszuschlag, Kirchensteuer
– **Sozialversicherungsabzüge**	Kranken-, Pflege-, Renten- und Arbeitslosenversicherung
= **Nettoentgelt**	
– **sonstige Abzüge**	z. B. vermögenswirksame Anlage, Lohn- bzw. Gehaltsvorschuss
= **Auszahlungsbetrag**	

(1) Steuerliche Abzüge

Die Ermittlung der Lohnsteuer, der Kirchensteuer und des Solidaritätszuschlages erfolgt mit Hilfe von Lohnsteuertabellen, aus denen die entsprechenden Beträge je nach Lohnsteuerklasse abgelesen werden können.

Auszug aus der Lohnsteuertabelle

Lohn/ Gehalt	Abzüge an Lohnsteuer, Solidaritätszuschlag (SolZ) und Kirchensteuer (8%, 9%) in den Steuerklassen																								
Versorgungs-Bezug	I–VI					I, II, III, IV																			
			ohne Kinderfreibeträge					mit Zahl der Kinderfreibeträge . . .																	
								0,5			1			1,5			2			2,5			3		
bis €		LSt	SolZ	8%	9%		LSt	SolZ	8%	9%	SolZ	8%	9%	SolZ	8%	9%	SolZ	8%	9%	SolZ	8%	9%	SolZ	8%	9%
1 937,99	I,IV	211,16	11,61	16,89	19,—	I	211,16	7,45	10,84	12,20	—	5,23	5,88	—	0,84	0,95	—	—	—	—	—	—	—	—	—
	II	182,41	10,03	14,59	16,41	II	182,41	5,51	8,68	9,77	—	3,42	3,84	—	—	—	—	—	—	—	—	—	—	—	—
	III	32,50	—	2,60	2,92	III	32,50	—	—	—	—	—	—	—	—	—	—	—	—	—	—	—	—	—	—
	V	430,83	23,69	34,46	38,77	IV	211,16	9,50	13,82	15,55	7,45	10,84	12,20	3,71	7,96	8,96	—	5,23	5,88	—	2,85	3,20	—	0,84	0,95
	VI	459,33	25,26	36,74	41,33																				
1 940,99	I,IV	211,83	11,65	16,94	19,06	I	211,83	7,49	10,90	12,26	—	5,28	5,94	—	0,88	0,99	—	—	—	—	—	—	—	—	—
	II	183,08	10,06	14,64	16,47	II	183,08	5,65	8,74	9,83	—	3,46	3,89	—	—	—	—	—	—	—	—	—	—	—	—
	III	32,83	—	2,62	2,95	III	32,83	—	—	—	—	—	—	—	—	—	—	—	—	—	—	—	—	—	—
	V	431,66	23,74	34,53	38,84	IV	211,83	9,54	13,88	15,61	7,49	10,90	12,26	3,85	8,02	9,02	—	5,28	5,94	—	2,89	3,25	—	0,88	0,99
	VI	460,33	25,31	36,82	41,42																				
1 943,99	I,IV	212,58	11,69	17,—	19,13	I	212,58	7,53	10,95	12,32	—	5,32	5,99	—	0,91	1,02	—	—	—	—	—	—	—	—	—
	II	183,75	10,10	14,70	16,53	II	183,75	5,78	8,79	9,89	—	3,50	3,93	—	—	—	—	—	—	—	—	—	—	—	—
	III	33,33	—	2,66	2,99	III	33,33	—	—	—	—	—	—	—	—	—	—	—	—	—	—	—	—	—	—
	V	432,66	23,79	34,61	38,93	IV	212,58	9,57	13,93	15,67	7,53	10,95	12,32	3,98	8,07	9,08	—	5,32	5,99	—	2,93	3,29	—	0,91	1,02
	VI	461,33	25,37	36,90	41,51																				

Die Kirchensteuer erheben die Kirchen von ihren Mitgliedern. Die Veranlagung erfolgt durch die Finanzämter, an die auch die Zahlungen zu leisten sind. Bei den Arbeitnehmern wird die Kirchensteuer zusammen mit der Lohnsteuer und dem Solidaritätszuschlag vom Arbeitgeber einbehalten und abgeführt. Zurzeit beträgt die Kirchensteuer 8 % bzw. 9 % (je nach Bundesland) von der zu zahlenden Lohn- bzw. Einkommensteuer, die sich nach Abzug des Kinderfreibetrags vom Bruttolohn ergibt. In Baden-Württemberg beträgt die Kirchensteuer 8 %.

Beispiel:

Die Angestellte Edda Meyer, Kornacker 2, 70329 Stuttgart, bezieht für den Monat Juli ein Bruttogehalt in Höhe von 1 940,00 EUR. Sie ist ledig (Lohnsteuerklasse I) und hat keine Kinder. Konfession: röm.-kath.

Bruttogehalt	1 940,00 EUR
Lohnsteuer lt. LSt.-Tabelle (Klasse I, ohne Kinder)	211,83 EUR
Solidaritätszuschlag	11,65 EUR
Kirchensteuer 8 %	16,94 EUR.

Die Angestellte hat insgesamt 240,42 EUR an Steuern zu entrichten. (Siehe obigen Auszug aus der Lohnsteuertabelle!)

(2) Sozialversicherungsabzüge

Die Sozialversicherung ist eine gesetzliche Versicherung (Pflichtversicherung), der ca. 90 % der Bevölkerung angehören. Sie soll die Versicherten vor finanzieller Not bei Krankheit **(gesetzliche Krankenkasse)**, bei Arbeitslosigkeit **(gesetzliche Arbeitsförderung)**, bei Pflegebedürftigkeit **(soziale Pflegeversicherung)** und bei Erwerbsunfähigkeit, meistens aus Altersgründen **(gesetzliche Rentenversicherung)**, schützen.

Außer der **Unfallversicherung**, die der Arbeitgeber allein zu tragen hat, müssen Arbeitnehmer und Arbeitgeber je 50 % der Beiträge zur Kranken-, Pflege-, Renten- und Arbeitslosenversicherung zahlen. Die Beiträge für jeden Sozialversicherungszweig werden bis zur jeweiligen Beitragsbemessungsgrenze über einen festen Prozentsatz vom jeweiligen Bruttoverdienst berechnet. Über die Beitragsbemessungsgrenze hinaus werden keine Beiträge zur jeweiligen Sozialversicherung erhoben.

Derzeit gelten für die Sozialversicherung folgende monatliche Beitragssätze bzw. **Beitragsbemessungsgrenzen** (seit 1. Januar 2016):[1]

			In den alten Bundesländern	In den neuen Bundesländern
Krankenversicherung:*	14,6 %	Beitragsbemessungsgrenze:	4 237,50 EUR	4 237,50 EUR
Pflegeversicherung:	2,35 %	Beitragsbemessungsgrenze:	4 237,50 EUR	4237,50 EUR
Rentenversicherung:	18,7 %	Beitragsbemessungsgrenze:	6 200,00 EUR	5 400,00 EUR
Arbeitslosenversicherung:	3,0 %	Beitragsbemessungsgrenze:	6 200,00 EUR	5 400,00 EUR

* Der Beitragssatz zur Krankenversicherung in Höhe von 14,6 % gilt **bundeseinheitlich.** Zusätzlich ergibt sich für den Arbeitnehmer ein **kassenindividueller Beitragszuschlag,** der z. B. bei manchen Krankenkassen 1,0 % beträgt. An diesem Beitragszuschlag ist der **Arbeitgeber nicht beteiligt,** d. h., der Arbeitgeberanteil zur Krankenversicherung beträgt 7,3 % und der Arbeitnehmeranteil dann 8,3 %.

Sonderregelungen zur Finanzierung der Pflegeversicherung

Für alle kinderlosen Pflichtversicherten erhöht sich der Beitrag zur Pflegeversicherung um 0,25 % des beitragspflichtigen Einkommens. Für diesen Personenkreis beträgt daher der Beitragssatz 1,425 %. An dieser Erhöhung ist der **Arbeitgeber nicht beteiligt.** Ausgenommen von diesem Beitragszuschlag sind Personen, die das 23. Lebensjahr noch nicht vollendet haben.

Beispiel 1:

Die kinderlose Angestellte Edda Meyer, 25 Jahre alt, erhält ein Bruttogehalt in Höhe von 1940,00 EUR.

Aufgaben:

Berechnen Sie

1. den Arbeitnehmeranteil zum Sozialversicherungsbeitrag,
2. den Arbeitgeberanteil zum Sozialversicherungsbeitrag!

1 Die Beitragssätze für die Sozialversicherung bzw. die Beitragsbemessungsgrenzen werden in der Regel jährlich neu festgelegt.

Lösungen:

Bruttogehalt		1 940,00 EUR
Krankenversicherung: 14,6 % (7,3 % AN-Anteil)	141,62 EUR	
Kassenindividueller Beitragszuschlag für Arbeitnehmer: 1,0 %	19,40 EUR	
Pflegeversicherung: 2,35 % (1,175 % AN-Anteil)	22,80 EUR	
Sonderbeitrag für kinderlose Arbeitnehmer: 0,25 %	4,85 EUR	
Rentenversicherung: 18,7 % (9,35 % AN-Anteil)	181,39 EUR	
Arbeitslosenversicherung: 3,0 % (1,5 % AN-Anteil)	29,10 EUR	
1. Arbeitnehmeranteil	399,16 EUR	
2. Arbeitgeberanteil (399,16 EUR – 24,25 EUR)	374,91 EUR	

Beispiel 2:

Der Abteilungsleiter Peter Sonnenschein arbeitet in Karlsruhe, ist verheiratet und hat ein Kind. Er verdient 6 320,00 EUR. Er ist gesetzlich krankenversichert.

Aufgaben:

Berechnen Sie

1. den Arbeitnehmeranteil zum Sozialversicherungsbeitrag,
2. den Arbeitgeberanteil zum Sozialversicherungsbeitrag!

Lösungen:

Bruttogehalt		6 320,00 EUR
Krankenversicherung: 7,3 % (von 4 237,50 EUR)	309,34 EUR	
Beitragszuschlag für Arbeitnehmer: 1,0 % (von 4 237,50 EUR)	42,38 EUR	
Pflegeversicherung: 1,175 % (von 4 237,50 EUR)	49,79 EUR	
Rentenversicherung: 9,35 % (von 6 200,00 EUR)	579,70 EUR	
Arbeitslosenversicherung: 1,5 % (von 6 200,00 EUR)	93,00 EUR	
1. Arbeitnehmeranteil	1 074,21 EUR	
2. Arbeitgeberanteil (1 074,21 EUR – 42,38 EUR)	1 031,83 EUR	

Die Arbeitnehmeranteile zur Sozialversicherung werden zusammen mit den Arbeitgeberanteilen vom Arbeitgeber an die zuständigen Krankenkassen abgeführt, welche die entsprechenden Beiträge an die Träger der Renten- und Arbeitslosenversicherung weiterleiten.

Merke:

- Arbeitnehmer unterliegen mit ihren Einkünften aus nichtselbstständiger Arbeit der **Lohnsteuer.**
  - Die Höhe der Lohnsteuer richtet sich nach den persönlichen Daten des Arbeitnehmers.
  - Die Lohnsteuer, der Solidaritätszuschlag und gegebenenfalls die Kirchensteuer werden bei der Lohnzahlung einbehalten und an das Finanzamt abgeführt.
- Die **Kirchensteuer** erheben die Kirchen von ihren Mitgliedern. Die Höhe der Kirchensteuer hängt von der Höhe der Lohnsteuer ab. Sie wird zusammen mit der Lohnsteuer einbehalten und an das Finanzamt abgeführt, das die Weiterleitung an die Kirchen vornimmt.
- Die **Sozialversicherung** ist eine **gesetzliche Pflichtversicherung.** Die Beiträge für den Arbeitnehmer werden vom Arbeitgeber einbehalten und zusammen mit dem Arbeitgeberanteil an die zuständige Krankenkasse abgeführt.

Übungsaufgabe

22 1. Ein verheirateter Mitarbeiter, dessen Ehefrau nicht berufstätig ist, erhält ein Bruttogehalt von 1984,20 EUR. Er hat ein Kind und ist kirchensteuerpflichtig mit 8%.

Aufgabe:

Erstellen Sie die Gehaltsabrechnung für den Mitarbeiter (Steuerklasse III) unter Verwendung des abgedruckten Auszugs aus der Monats-Lohnsteuertabelle und der Beitragssätze zur Sozialversicherung lt. S. 110!

Lohn/Gehalt	Abzüge an Lohnsteuer, Solidaritätszuschlag (SolZ) und Kirchensteuer (8%, 9%) in den Steuerklassen																								
	I–VI					I, II, III, IV																			
			ohne Kinderfreibeträge					mit Zahl der Kinderfreibeträge . . .																	
								0,5			1			1,5			2			2,5			3 **		
bis €*		LSt	SolZ	8%	9%		LSt	SolZ	8%	9%	SolZ	8%	9%	SolZ	8%	9%	SolZ	8%	9%	SolZ	8%	9%	SolZ	8%	9%
1 982,99	I,IV	221,66	12,19	17,73	19,94	I	221,66	8,—	11,64	13,09	—	5,94	6,68	—	1,35	1,52	—	—	—	—	—	—	—	—	—
	II	192,75	10,60	15,42	17,34	II	192,75	6,50	9,46	10,64	—	4,05	4,55	—	0,02	0,02	—	—	—	—	—	—	—	—	—
	III	38,66	—	3,09	3,47	III	38,66	—	—	—	—	—	—	—	—	—	—	—	—	—	—	—	—	—	—
	V	444,83	24,46	35,58	40,03	IV	221,66	10,06	14,64	16,47	8,—	11,64	13,09	5,63	8,73	9,82	—	5,94	6,68	—	3,46	3,89	—	1,35	1,52
	VI	473,83	26,06	37,90	42,64																				
1 985,99	I,IV	222,41	12,23	17,79	20,01	I	222,41	8,03	11,69	13,15	—	5,98	6,73	—	1,38	1,55	—	—	—	—	—	—	—	—	—
	II	193,41	10,63	15,47	17,40	II	193,41	6,54	9,51	10,70	—	4,09	4,60	—	0,05	0,05	—	—	—	—	—	—	—	—	—
	III	39,16	—	3,13	3,52	III	39,16	—	—	—	—	—	—	—	—	—	—	—	—	—	—	—	—	—	—
	V	445,83	24,52	35,66	40,12	IV	222,41	10,10	14,69	16,52	8,03	11,69	13,15	5,76	8,78	9,88	—	5,98	6,73	—	3,50	3,93	—	1,38	1,55
	VI	474,66	26,10	37,97	42,71																				
1 988,99	I,IV	223,08	12,26	17,84	20,07	I	223,08	8,07	11,74	13,21	—	6,03	6,78	—	1,42	1,59	—	—	—	—	—	—	—	—	—
	II	194,08	10,67	15,52	17,46	II	194,08	6,57	9,56	10,76	—	4,13	4,64	—	0,08	0,09	—	—	—	—	—	—	—	—	—
	III	39,50	—	3,16	3,55	III	39,50	—	—	—	—	—	—	—	—	—	—	—	—	—	—	—	—	—	—
	V	446,66	24,56	35,73	40,19	IV	223,08	10,14	14,75	16,59	8,07	11,74	13,21	5,90	8,84	9,94	—	6,03	6,78	—	3,54	3,98	—	1,42	1,59
	VI	475,66	26,16	38,05	42,80																				

2. Ein Mitarbeiter erhält einen Bruttolohn von 3610,00 EUR; Lohnsteuerklasse II/1. Abzüge: Vermögenswirksame Sparleistung 36,00 EUR, Lohnpfändung 110,00 EUR, Wareneinkauf im Betrieb 90,00 EUR zuzüglich 19% USt, Miete für Geschäftswohnung 360,00 EUR.

Aufgabe:

Berechnen Sie den Auszahlungsbetrag für den Mitarbeiter unter Verwendung des abgedruckten Auszugs aus der Monats-Lohnsteuertabelle! (Die Kirchensteuer beträgt 8%.)

Lohn/Gehalt	Abzüge an Lohnsteuer, Solidaritätszuschlag (SolZ) und Kirchensteuer (8%, 9%) in den Steuerklassen																								
	I–VI					I, II, III, IV																			
			ohne Kinderfreibeträge					mit Zahl der Kinderfreibeträge . . .																	
								0,5			1			1,5			2			2,5			3 **		
bis €*		LSt	SolZ	8%	9%		LSt	SolZ	8%	9%	SolZ	8%	9%	SolZ	8%	9%	SolZ	8%	9%	SolZ	8%	9%	SolZ	8%	9%
3 608,99	I,IV	659,50	36,27	52,76	59,35	I	659,50	30,83	44,84	50,45	25,64	37,30	41,96	20,71	30,13	33,89	16,04	23,34	26,25	11,63	16,92	19,03	7,47	10,87	12,23
	II	622,—	34,21	49,76	55,98	II	622,—	28,86	41,98	47,23	23,77	34,58	38,90	18,94	27,55	30,99	14,36	20,90	23,51	10,05	14,62	16,44	5,58	8,71	9,80
	III	381,66	20,99	30,53	34,34	III	381,66	16,83	24,49	27,55	12,81	18,64	20,97	0,03	12,97	14,59	—	7,86	8,84	—	3,49	3,92	—	—	—
	V	1 025,50	56,40	82,04	92,29	IV	659,50	33,51	48,75	54,84	30,83	44,84	50,45	28,20	41,02	46,15	25,64	37,30	41,96	23,14	33,66	37,87	20,71	30,13	33,89
	VI	1 058,91	58,24	84,71	95,30																				
3 611,99	I,IV	660,41	36,32	52,83	59,43	I	660,41	30,87	44,91	50,52	25,68	37,36	42,03	20,75	30,19	33,96	16,08	23,40	26,32	11,66	16,97	19,09	7,51	10,92	12,29
	II	622,91	34,26	49,83	56,06	II	622,91	28,91	42,05	47,30	23,81	34,64	38,97	18,98	27,61	31,06	14,41	20,96	23,58	10,08	14,67	16,50	5,71	8,76	9,86
	III	382,33	21,02	30,58	34,40	III	382,33	16,87	24,54	27,61	12,85	18,69	21,02	0,16	13,02	14,65	—	7,90	8,89	—	3,53	3,97	—	—	—
	V	1 026,58	56,46	82,12	92,39	IV	660,41	33,56	48,82	54,92	30,87	44,91	50,52	28,25	41,09	46,22	25,68	37,36	42,03	23,19	33,73	37,94	20,75	30,19	33,96
	VI	1 060,08	58,30	84,80	95,40																				
3 614,99	I,IV	661,33	36,37	52,90	59,51	I	661,33	30,92	44,98	50,60	25,73	37,43	42,11	20,80	30,26	34,04	16,12	23,46	26,39	11,71	17,03	19,16	7,54	10,98	12,35
	II	623,83	34,31	49,90	56,14	II	623,83	28,95	42,12	47,38	23,86	34,71	39,05	19,02	27,67	31,13	14,44	21,01	23,63	10,12	14,72	16,56	5,83	8,81	9,91
	III	383,—	21,06	30,64	34,47	III	383,—	16,91	24,60	27,67	12,88	18,74	21,08	0,30	13,08	14,71	—	7,94	8,93	—	3,57	4,01	—	—	—
	V	1 027,66	56,52	82,21	92,48	IV	661,33	33,61	48,90	55,01	30,92	44,98	50,60	28,29	41,16	46,30	25,73	37,43	42,11	23,23	33,80	38,02	20,80	30,26	34,04
	VI	1 061,16	58,36	84,89	95,50																				

3. Ein leitender Angestellter erhält ein Bruttogehalt von 6055,00 EUR einschließlich 36,00 EUR monatlich vermögenswirksame Leistung. Lohnsteuerklasse III/3. Für die Abwicklung eines Großauftrags erhält der Angestellte eine Sonderzahlung von 250,00 EUR. Abzüge: Vermögenswirksame Sparleistung 36,00 EUR, Tilgung und Zinsen für ein Arbeitgeberdarlehen 450,00 EUR, einbehaltener Vorschuss 500,00 EUR.

   Aufgabe:

   Berechnen Sie den Auszahlungsbetrag für den Angestellten! (Die Kirchensteuer beträgt 8 %.)

Allgemeine Monats-Lohnsteuertabelle/West Kirchensteuer 8 %

Kinderfreibetrag			0		0,5		1		1,5		2		2,5		3	
ab €	**StK**	**Steuer**	SolZ	KiStr	SolZ	KiStr	SolZ	KiStr	SolZ	KiStr	SolZ	KiStr	SolZ	KiStr	SolZ	KiStr
6.303,00 €																
	I	1.641,50	90,28	131,32	83,53	121,50	76,79	111,70	70,04	101,88	63,30	92,08	56,71	82,49	50,38	73,28
	II	1.595,75	-	-	81,01	117,84	74,27	108,03	67,53	98,22	60,81	88,46	54,32	79,01	48,08	69,94
	III	1.101,66	60,59	88,13	55,34	80,50	50,24	73,08	45,25	65,82	40,40	58,77	35,68	51,90	31,08	45,21
	IV	1.641,50	90,28	131,32	86,90	126,41	83,53	121,50	80,16	116,60	76,79	111,70	73,42	106,79	70,04	101,88
	V	2.061,66	113,39	164,93	-	-	-	-	-	-	-	-	-	-	-	-
	VI	2.097,91	115,38	167,83	-	-	-	-	-	-	-	-	-	-	-	-
6.306,00 €																
	I	1.642,75	90,35	131,41	83,60	121,61	76,86	111,80	70,11	101,98	63,37	92,18	56,78	82,59	50,44	73,38
	II	1.597,00	-	-	81,08	117,94	74,34	108,13	67,59	98,32	60,88	88,55	54,38	79,10	48,14	70,03
	III	1.102,66	60,64	88,21	55,40	80,58	50,29	73,16	45,31	65,90	40,45	58,84	35,73	51,97	31,13	45,28
	IV	1.642,75	90,35	131,41	86,97	126,51	83,60	121,61	80,23	116,70	76,86	111,80	73,48	106,89	70,11	101,98
	V	2.062,91	113,46	165,03	-	-	-	-	-	-	-	-	-	-	-	-
	VI	2.099,16	115,45	167,93	-	-	-	-	-	-	-	-	-	-	-	-

Quelle: www.imacc.de

3.2.4 Löhne und Gehälter buchen

Löhne und Gehälter stellen für den Betrieb Aufwand dar und sind daher auf den entsprechenden Aufwandskonten zu buchen. Nach der Abrechnung führen diese Aufwendungen zu Zahlungsvorgängen an die einzelnen Empfänger (Finanzamt, Krankenkasse, vermögenswirksames Anlageinstitut, Mitarbeiter). Bis zum Zeitpunkt der Zahlung stellen diese Beträge Verbindlichkeiten für das Unternehmen dar. Die Buchung erfolgt daher auf dem jeweiligen Verbindlichkeitskonto.

Buchungen am Beispiel einer schematischen Gehaltsabrechnung:

Abrechnung		**Buchungen** Aufwand an Verbindlichkeiten
Bruttoverdienst (Gehalt)	**2345,95 EUR**	S 6300 Gehälter H: Soll **2345,95**
– Steuerabzüge	**76,31 EUR**	S 4830 Verb. g. FA H: Haben **76,31**
– Sozialversicherungsabzüge	**482,68 EUR**	S 4840 Verb. g. SV H: Haben **482,68**
– Sonstige Abzüge (VWL)	**40,00 EUR**	S 4860 Verb. g. VWL H: Haben **40,00**
= Auszahlungsbetrag	**1746,96 EUR**	S 4850 Verb. g. Mitarb. H: Haben **1746,96**

8 Hahn ISBN 978-3-8120-0581-4

Arbeitgeber-anteil	**453,35 EUR**

S	6400 AG-Anteil SV		H
4840	453,35		

S	4840 Verb. g. SV		H
		6400	453,35

Der Arbeitgeberanteil stellt für den Betrieb weiteren Personalaufwand dar, der bis zur tatsächlichen Zahlung als Verbindlichkeit auszuweisen ist.

Übungsaufgaben

23 Ein Mitarbeiter erhält ein Gehalt von 3020,00 EUR zuzüglich 20,00 EUR Arbeitgeberzuschuss zur vermögenswirksamen Leistung. Der Arbeitnehmeranteil zur Sozialversicherung beträgt 665,70 EUR, die Lohnsteuer, der Solidaritätszuschlag und die Kirchensteuer betragen 284,26 EUR. Der Arbeitgeberanteil beträgt 631,25 EUR.

Aufgabe:

Bilden Sie die Buchungssätze für die Angaben zur Gehaltsabrechnung!

24

Bruttolöhne	60045,00 EUR
Bruttogehälter	16435,00 EUR
Arbeitgeber-Zuschuss zur vermögenswirksamen Leistung (Gehaltsempfänger 84,00 EUR, Lohnempfänger 488,00 EUR)	572,00 EUR
Gesamte Sozialversicherungsbeiträge	14280,00 EUR
AG-Anteil zur Sozialversicherung	7030,00 EUR
Einbehaltene vermögenswirksame Leistung	1144,00 EUR
Lohnsteuer und Solidaritätszuschlag	16840,00 EUR
Kirchensteuer	1348,00 EUR
Noch auszuzahlende Löhne und Gehälter	?

3.2.5 Belege aus der Lohn- und Gehaltsabrechnung erstellen

Die Abrechnung und Buchung der Lohn- und Gehaltsabrechnung erfolgt in der integrierten Unternehmenssoftware automatisiert. Die Steuerberechnungsformel für die Lohnsteuer, den Solidaritätszuschlag und die Kirchensteuer sowie die Sätze der einzelnen Sozialversicherungszweige sind im System hinterlegt. Für die verschiedenen Adressaten (Krankenkasse(n), Finanzamt, Mitarbeiter) der Lohn- und Gehaltsabrechnung müssen aus dem System heraus die entsprechenden Belege erstellt werden.

(1) Beitragsnachweis

Für jeden Abrechnungszeitraum ist vom Arbeitgeber ein **Beitragsnachweis** an die Krankenkassen erforderlich. Der Beitragsnachweis ist die Mitteilung an die Krankenkasse über Höhe und Aufteilung der überwiesenen Sozialversicherungsbeiträge.

Ein monatlicher Beitragsnachweis ist für jede Arbeitnehmer-Krankenkasse zu erstellen, d.h., sind nicht alle Mitarbeiter des Betriebes bei der gleichen Krankenkasse versichert, ist für jede Krankenkasse ein gesonderter Beitragsnachweis erforderlich. Sind mehrere Arbeitnehmer bei der gleichen Krankenkasse versichert, ist nur ein Beitragsnachweis mit den kumulierten (angehäuften) Werten der Mitarbeiter zu erstellen.

Der Zeitpunkt, zu dem der Beitragsnachweis im laufenden Monat abzugeben ist, wurde einheitlich auf zwei Arbeitstage vor Fälligkeit der Beiträge festgelegt. Die Beiträge für den laufenden Monat sind am drittletzten Bankarbeitstag fällig. Die Übermittlung des Beitragsnachweises muss zwingend durch Datenübertragung erfolgen, weil informationstechnisch nur noch diese Meldeform zugelassen ist. Diese Regelung ist unabhängig von der Größe des Unternehmens. Auch wer nur einen Arbeitnehmer beschäftigt, muss sich der neuen Technik bedienen.

Sofern das Arbeitsentgelt zu diesem Zeitpunkt eventuell bei Lohnempfängern noch nicht komplett abgerechnet ist, muss der Arbeitgeber die „voraussichtliche Beitragsschuld" ermitteln und abführen. Verbleibende Restbeträge sind mit der Abrechnung des Folgemonats zu zahlen.

Beispiel: Auszug aus einem Beitragsnachweis

AOK

Arbeitgeber:
HWR GmbH

Beitragsnachweis

Zeitraum: Monat 01 Jahr 20..

Betriebs-/Beitragskonto-Nr. 11122829

Rechtskreis: ○ Ost ◉ West

☐ **Zusätzliche Angaben**

	Beitr.-Gruppe		Gesamtbeitrag EUR
Beiträge zur Krankenversicherung - allgemeiner Beitrag -		1000	5.849,95
Beiträge zur Krankenversicherung - erhöhter Beitrag -		2000	
Beiträge zur Krankenversicherung - ermäßigter Beitrag -		3000	
Beiträge zur Rentenversicherung der Arbeiter - voller Beitrag -		0100	7.781,06
Beiträge zur Rentenversicherung der Angestellten - voller Beitrag -		0200	
Beiträge zur Rentenversicherung der Arbeiter - halber Beitrag - (AG-Anteil)		0300	
Beiträge zur Rentenversicherung der Angestellten - halber Beitrag -		0400	
Beiträge zur Arbeitsförderung - voller Beitrag -		0010	1.290,32
Beiträge zur Arbeitsförderung - halber Beitrag -		0020	
Beiträge zur sozialen Pflegeversicherung		0001	690,63
Umlage nach dem Lohnfortzahlungsgesetz (LFZG) für Krankheitsaufw.		U1	
Umlage nach dem Lohnfortzahlungsgesetz (LFZG) für Mutterschaftsaufw.		U2	
Gesamtsumme			**15.611,96**

(2) Verdienstabrechnung

Im Zusammenhang mit der Lohn- und Gehaltsabrechnung zum Monatsende ist den Mitarbeitern eine Verdienstabrechnung für ihre Unterlagen auszuhändigen, aus der sie die Höhe und Zusammensetzung sowie die Abzugsbeträge und den Auszahlungsbetrag nachvollziehbar ersehen können.

(3) Lohnsteueranmeldung

Spätestens bis zum 10. Tag nach Ablauf des Lohn- bzw. Gehaltsabrechnungsmonats hat der Arbeitgeber die einbehaltene Lohnsteuer an das Finanzamt abzuführen. Hierbei muss er dem Finanzamt eine Steuererklärung (Lohnsteueranmeldung) einreichen, die die Summe der einzubehaltenden Lohnsteuer angibt und die Lohnsteuer an das Finanzamt abführen. Grundsätzlich ist auch die Lohnsteuer-Anmeldung auf elektronischem Weg an das Finanzamt zu übermitteln.

Beispiel: Auszug aus einer Lohnsteueranmeldung

3 11 88 888 82073 63 0801

4

5 30

6 Finanzamt — Eingangsstempel oder- datum

7 Finanzamt Balingen

8 Jakob-Beutter-Str. 4

9 72336 Balingen — Lohnsteuer-Anmeldung 20..

10

11 Anmeldungszeitraum

12 Arbeitgeber - Art, Anschrift, Tel. — Januar 20..

13 HWR GmbH

Hobby * Werken * Renovieren

14 72336 Balingen

Zeile		Kz	EURO Ct
15	Berichtigte Anmeldung	10	
16	Zahl der Arbeitnehmer	86	16
17			
18	Lohnsteuer	42	4.220,45
19	Abzüglich an Arbeitnehmer ausgezahltes Kindergeld	43	
20	Abzüglich an Arbeitnehmer ausgezahlte Bergmannsprämien	46	
21	Abzüglich Kürzungsbetrag für Besatzungsmitglieder von Handelsschiff	33	
22	Verbleiben	48	4.220,45
23	Solidaritätszuschlag	49	167,99
24	Evangelische Kirchensteuer - ev	61	62,04
25	Römisch-Katholische Kirchensteuer - rk	62	198,15
26	Kirchensteuer der Israelitischen Religionsgemeinschaft Baden - ib.	78	
27	Kirchensteuer der Freireligiösen Landesgemeinde Baden - fb	67	
28	Kirchensteuer der Israelitischen Religionsgemeinschaft Württembergs	73	
29	Altkatholische Kirchensteuer - ak	63	
31	Gesamtbetrag	83	4.648,63

Übungsaufgabe

25 Beschreiben Sie, welche Regelungen für den Zeitpunkt und die Art der Mitteilung

1. des Beitragsnachweises
2. der Lohnsteueranmeldung

gelten!

3.2.6 Zahlungen der Lohn- und Gehaltsabrechnung vornehmen und buchen

Mit dem Beitragsnachweis, der Verdienstabrechnung, der vermögenswirksamen Anlage und der Lohnsteueranmeldung stehen zum jeweiligen Zeitpunkt die entsprechenden Zahlungsvorgänge in enger Verbindung. Der Krankenkasse, dem Finanzamt und dem Anlageinstitut der vermögenswirksamen Leistung haben viele Betriebe meist einen Lastschriftauftrag erteilt, sodass diese Institutionen den Zahlungseinzug bei Fälligkeit von sich aus vornehmen. Die Überweisungen an die Mitarbeiter erledigt der Betrieb in der Regel über eine Sammelüberweisung durch Online-Banking.

Nach Abwicklung der Zahlungsvorgänge im Zusammenhang mit der Lohn- und Gehaltsabrechnung erhält der Betrieb einen Kontoauszug von seiner Bank.

SPARKASSE ZOLLERNALB **Auszug 7** IBAN DE47 6535 1260 0024 9991 11

Tag	Text	Wert	zu Lasten	zu Gunsten
	Alter Kontostand vom 26.01.		EUR	118.774,85+
27.01	SOZ.-VERS.-BEITRAGE JAN	27.01	936,03	
31.01	MITARBEITER - LOHNE/GEHALTER JAN	31.01	1.746,96	
31.01	VERMOGENSWIRKSAME ANLAGE JAN	31.01	40,00	
10.02	FINANZAMT - LST/KST JAN	10.02	76,31	
	Neuer Kontostand vom 11.02.			115.975,55+

++++ **NEUER ZINSSATZ SEIT 15.01. 10,75%**

Anhand des Kontoauszuges sind dann die Buchungen über die Begleichung der verschiedenen Verbindlichkeiten in der Finanzbuchhaltung vorzunehmen:

Zahlungsvorgänge		Buchungen: Verbindlichkeiten an Bank	
Lohnsteueranmeldung	**76,31 EUR**	S 4830 Verb. g. FA H: **76,31** (Soll)	
Beitragsnachweis	**482,68 EUR**	S 4840 Verb. g. SV H: **482,68** (Soll)	
Vermögenswirksame Anlage	**40,00 EUR**	S 4860 Verb. a. VWL H: **40,00** (Soll)	
Auszahlungsbetrag	**1 746,96 EUR**	S 4850 Verb. g. Mitarb. H: **1 746,96** (Soll)	
Beitragsnachweis (AG-Anteil)	**453,35 EUR**	S 4840 Verb. g. SV H: **453,35** (Soll)	S 2800 Bank H: **2 799,30** (Haben)

Übungsaufgaben

26 Bilden Sie für die mit der nachfolgenden Gehaltszahlung in Verbindung stehenden Zahlungsvorgänge die Buchungssätze!

Gehaltsliste Januar					
Brutto-gehälter	LSt, Sol.-zuschlag, Ki.-St.	Arbeitneh-meranteil Soz.- Vers.	vermögens-wirsame Anlage	Auszahlungs-betrag an Mitarbeiter	Arbeitgeber-anteil Soz.-Vers.
26380,00 EUR	3947,50 EUR	5663,40 EUR	280,00 EUR	16489,10 EUR	5404,80 EUR

27 Es liegen Ihnen die nachfolgenden Angaben zu einer Lohnabrechnung vor:

	Bruttolöhne	86400,00 EUR	
+	AG-Zuschuss zur vermögenswirksamen Leistung	1040,00 EUR	
	Gesamtbrutto		87440,00 EUR
–	Lohnsteuer/Solidaritätszuschlag	24560,00 EUR	
–	Kirchensteuer	1964,80 EUR	
–	Sozialversicherungsbeiträge/Arbeitnehmeranteil	18140,60 EUR	44665,40 EUR
	Nettogehalt		42774,60 EUR
–	Vermögenswirksamer Anlagebetrag		2080,00 EUR
	Auszahlungsbetrag		40694,60 EUR
	Arbeitgeberanteil zur Sozialversicherung		17965,45 EUR

Aufgaben:

1. Bilden Sie die Buchungssätze für die obige Abrechnung!
2. Bilden Sie die Buchungssätze für die mit der Lohnabrechnung verbundenen späteren Überweisungen!

3.3 Durchführung des Unterstützungsprozesses Personalabrechnung und -verwaltung mit der integrierten Unternehmenssoftware

Auch der Bereich des Personalwesens ist Element einer integrierten Unternehmenssoftware. Daher wird in der HWR GmbH künftig auch die monatliche Lohn- und Gehaltsabrechnung für die Mitarbeiter über die im Betrieb eingesetzte integrierte Unternehmenssoftware abgewickelt.

Zunächst soll beispielhaft die Lohn- und Gehaltsabrechnung des Monats Januar für die zum 01.01. neu eingestellten Mitarbeiter Matthias Obermann (Angestellter, Gehaltsempfänger) und Udo Nissar (Arbeiter, Lohnempfänger) manuell abgerechnet und gebucht sowie anschließend zu Test- und Kontrollzwecken in der integrierten Unternehmenssoftware durchgeführt werden, mit allen weiteren Tätigkeiten, die eine Lohn- und Gehaltsabrechnung mit sich bringt. Im Weiteren soll dann die komplette Abwicklung der Lohn- und Gehaltsabrechnung für die gesamte Belegschaft erfolgen.

Übungsaufgaben

28 Manuelle Lohn-/Gehaltsabrechnung und -buchung

Für die Mitarbeiter *Udo Nissar* und *Matthias Obermann* liegen folgende Lohnsteuerabzugsmerkmale zur Lohn- bzw. Gehaltsabrechnung vor:

Elektronische Lohnsteuerkarte	
Arbeitnehmer	
Steuer-Identifikationsnummer:	48369147589
Name:	Nissar
Vorname:	Udo
Geburtstag:	31.08.1977
Arbeitgeber 1. Arbeitsverhältnis	
Name:	HWR GmbH
Anschrift:	Im Industriegebiet 20, 72336 Balingen
Lohnsteuerabzugsmerkmale	
Gültig ab:	01.01.20..
Steuerklasse:	1
Kirchensteuerabzug des Steuerpflichtigen:	rk
Kirchensteuerabzug des Ehegatten:	-
Zahl der Kinderfreibeträge:	0

Elektronische Lohnsteuerkarte

Arbeitnehmer	
Steuer-Identifikationsnummer:	83721827674
Name:	Obermann
Vorname:	Matthias
Geburtstag:	25.08.1978
Arbeitgeber 1. Arbeitsverhältnis	
Name:	HWR GmbH
Anschrift:	Im Industriegebiet 20, 72336 Balingen
Lohnsteuerabzugsmerkmale	
Gültig ab:	01.01.20..
Steuerklasse:	3
Kirchensteuerabzug des Steuerpflichtigen:	ev
Kirchensteuerabzug des Ehegatten:	rk
Zahl der Kinderfreibeträge:	0

Abrechnungsdaten: Udo Nissar

Lohnartennr.	Bezeichnung	Tage	Datum	Einheiten	Satz	Betrag
2000	Normalstunden	0,00		142,50	15,44	0,00
3000	Lohnfortzahlung	0,00		0,00	15,44	0,00
2020	Feiertagsstunden	0,00		7,50	15,44	0,00
3100	Urlaubsentgelt	0,00		0,00	15,44	0,00
1600	VWL AG-Zuschuss	0,00		0,00	0,00	20,00
7000	VWL Vertrag 1	0,00		0,00	0,00	-40,00

Abrechnungsdaten: Matthias Obermann

Lohnartennr.	Bezeichnung	Tage	Datum	Einheiten	Satz	Betrag
1000	Gehalt	0,00		0,00	0,00	2.325,95
1600	VWL AG-Zuschuss	0,00		0,00	0,00	20,00
7000	VWL Vertrag 1	0,00		0,00	0,00	-40,00

Lohnsteuertabelle:

Dem nachfolgenden Auszug können die Abzüge für die Lohn- und Kirchensteuer sowie des Solidaritätszuschlages entnommen werden. Die Beträge sind insgesamt vom Betrieb an das Finanzamt abzuführen.

Lohn/	Steu-	Lohn-	0,0 Kinderfreibeträge		0,5 Kinderfreibeträge		1,0 Kinderfreibeträge	
Gehalt bis	erkl.	steuer	Sol-Zuschl.	KiSt	Sol-Zuschl.	KiSt	Sol-Zuschl.	KiSt
2.333,99	I	274,00	15,07	21,92	10,55	15,34	6,30	9,16
	II	230,08	12,65	18,40	8,28	12,04	0,00	6,08
	III	68,50	0,00	5,48	0,00	1,33	0,00	0,00
	IV	274,00	15,07	21,92	12,77	18,58	10,55	15,34
	V	529,00	29,09	42,32				
	VI	562,50	30,93	45,00				
2.336,99	I	274,66	15,10	21,97	10,58	15,40	6,33	9,22
	II	230,83	12,69	18,46	8,31	12,09	0,00	6,12
	III	69,00	0,00	5,52	0,00	1,36	0,00	0,00
	IV	274,66	15,10	21,97	12,81	18,64	10,58	15,40
	V	530,00	29,15	42,40				
	VI	563,50	30,99	45,08				
2.339,99	I	275,41	15,14	22,03	10,62	15,45	6,37	9,26
	II	231,50	12,73	18,52	8,35	12,14	0,00	6,17
	III	69,50	0,00	5,56	0,00	1,40	0,00	0,00
	IV	275,41	15,14	22,03	12,85	18,69	10,62	15,45
	V	531,00	29,20	42,48				
	VI	564,50	31,04	45,16				
2.342,99	I	276,08	15,18	22,08	10,66	15,50	6,40	9,32
	II	232,16	12,76	18,57	8,38	12,28	0,00	6,22
	III	70,00	0,00	5,60	0,00	1,44	0,00	0,00
	IV	276,08	15,18	22,08	12,88	18,74	10,66	15,50
	V	531,83	29,25	42,54				
	VI	565,33	31,09	45,22				
2.345,99	I	276,83	15,22	22,14	10,69	15,56	6,44	9,37
	II	232,91	12,81	18,63	8,42	12,25	0,00	6,26
	III	70,66	0,00	5,65	0,00	1,46	0,00	0,00
	IV	276,83	15,22	22,14	12,92	18,80	10,69	15,56
	V	532,83	29,30	42,62				
	VI	566,50	31,15	45,32				

Sozialversicherungen (Stand 01.01.2016):[1]

	Renten-versicherung	Arbeitslosen-versicherung	Kranken-versicherung	Pflege-versicherung
Beitragssätze in %	18,7	3,0	14,6	2,35
Beitragszuschlag in %			1,0	0,25
Beitragsbemessungsgrenze in EUR	6200,00	6200,00	4237,50	4237,50

- **Besonderheiten bei der Krankenversicherung**

Mitglieder der gesetzlichen Krankenversicherung (GKV) haben aufgrund der Einführung eines kassenindividuellen Beitragssatzes höhere Beiträge an ihre Krankenkasse zu zahlen. Den Zuschlag zahlt nur der Arbeitnehmer.

- **Besonderheiten bei der Pflegeversicherung**

Der Beitragszuschlag in der Pflegeversicherung für kinderlose Versicherte ab Vollendung des 23. Lebensjahres beträgt 0,25%. Den Zuschlag zahlt nur der Arbeitnehmer.

1 Die Beitragssätze für die Sozialversicherung bzw. Beitragsbemessungsgrenzen werden jährlich neu festgelegt.

- **Besonderheiten beim Umlageverfahren (U1 und U2) und bei der Insolvenzgeldumlage**

Durch das Umlageverfahren U1 erhalten Kleinunternehmen mit nicht mehr als 30 Arbeitnehmern Aufwendungen für die Lohnfortzahlung im Krankheitsfall erstattet. Arbeitgeber können beim U1-Verfahren zwischen drei Erstattungssätzen wählen. Der U1-Umlagesatz z. B. der AOK beträgt 2,7 % vom lohnsteuer- und sozialversicherungspflichtigen Entgelt bei 70 % Lohnfortzahlungserstattung.

Alle Betriebe sind U2-pflichtig. Die Betriebe zahlen eine Umlage an die Umlagekrankenkasse und erhalten bei Mutterschaftsaufwendungen (Lohnfortzahlung während der Mutterschutzfrist) diese Aufwendungen von der Krankenkasse wieder zu 100 % erstattet. Der Umlagesatz z. B. der AOK beträgt 0,44 % vom lohnsteuer- und sozialversicherungspflichtigen Entgelt.

Die Insolvenzgeldumlage ist im Rahmen der Sozialversicherungsabgaben von den Betrieben zu zahlen. Die Mitarbeiter eines in Insolvenz geratenen Unternehmens erhalten als Ausgleich ein sogenanntes Insolvenzgeld, wenn sie bei Eröffnung des Insolvenzverfahrens noch offene Ansprüche auf Arbeitsentgelt aus den vorangegangenen drei Monaten haben. Die Insolvenzgeldumlage beträgt 0,12 % vom lohnsteuer- und sozialversicherungspflichtigen Entgelt.

Allgemeine Hinweise:

Der Betrag der Sozialversicherungsabzüge ist insgesamt vom Betrieb an die Krankenkasse (im vorliegenden Fall an die AOK) der beiden Mitarbeiter abzuführen.

Vom **Nettogehalt,** das nach Abzug der Steuer- und Sozialversicherungsabzüge verbleibt, überweist der Betrieb jeweils direkt 40,00 EUR als vermögenswirksame Sparleistung auf den Bausparvertrag von Herrn Nissar und Herrn Obermann bei der Bausparkasse.

Der danach verbleibende Betrag ist der **Auszahlungsbetrag,** den der Betrieb auf das persönliche Bankkonto der Mitarbeiter überweist.

1. Erstellen Sie die Lohn- bzw. Gehaltsabrechnung für die beiden Mitarbeiter nach folgendem Muster!

Matthias Obermann			Udo Nissar
€			€
	Gehalt	Lohn	
	AG-Zuschuss zur vermögenswirksamen Anlage		
	Steuer- und sozialversicherungspflichtiges Entgelt		

€	Steuerliche Abzüge	€

	Steuerabzüge gesamt	

€	Sozialversicherungsabzüge	€

	Sozialversicherungsabzüge gesamt	

	Nettoverdienst	
	Vermögenswirksame Anlage	
	Auszahlungsbetrag	

2. Erstellen Sie den Buchungssatz für die Lohn- bzw. Gehaltsabrechnung!
3. Erstellen Sie die Abrechnung und Buchung für den Arbeitgeberanteil zur Sozialversicherung! Nehmen Sie an, der Betrieb nimmt an beiden Umlageverfahren teil!
4. Erstellen Sie den Buchungssatz für die mit der Lohn-/Gehaltsabrechnung verbundenen Überweisungen (Lohn-/Gehaltsauszahlung, vermögenswirksame Anlage/Sparleistung, abzuführende Sozialversicherungsbeiträge, abzuführende Steuerbeträge)!

29 **Exkurs:** Tabellenkalkulation (Excel) – Datei: LuG_Abrechnung.xls

Erstellen Sie die manuelle Lohn-/Gehaltsabrechnung für die beiden Mitarbeiter in der Tabellenkalkulation mit den entsprechenden Formeln in B23-B32 und B54-B63. Für die Felder B18-B20 und B49-B51 sind die Beträge für die Lohnsteuer, den Solidaritätszuschlag und die Kirchensteuer aus der Lohnsteuertabelle zu entnehmen.

	A	B	C	D	E	F
1	Lohn- und Gehaltsabrechnung HWR GmbH				Januar	
2						
3	Sozialversicherungen		RV	AV	KV	PV
4	Beitragssätze in % je zur Hälfte		18,70	3,00	14,60	2,35
5	Beitragszuschlag in % für AN				1,00	0,25
6	Beitragsbemessungsgrenze in EUR		6200,00	6200,00	4237,50	4237,50

	A	B
8	Gehaltsdaten	
9	Pers.-Nr.	63007
10	Name	Obermann
11	Steuerklasse	III
12	Kinderfreibetrag	0
13	PV-Zuschlag %	0,25
14	Gehalt	2325,95
15	VWL AG-Zuschuss	20,00
16	VWL Anlage	40,00
17	Vorschuss	0,00
18	LSt	
19	SolZ	
20	KiSt	
21		
22	Gehaltsabrechnung	
23	Gesamtbrutto	
24	Steuer gesamt	
25	RV AN	
26	AV AN	
27	KV AN	
28	PV AN	
29	SV AN gesamt	
30	Nettoverdienst	
31	So. Abzüge (VL, Vorschuss)	
32	Auszahlung	

	A	B
35	Lohndaten	
36	Pers.-Nr.	62009
37	Name	Nissar
38	Steuerklasse	I
39	Kinderfreibeträge	0
40	PV-Zuschlag %	0,25
41	Arbeitsstunden	142,50
42	Krankheitsstunden	0,00
43	Feiertagsstunden	7,50
44	Urlaubsstunden	0,00
45	Stundenlohn	15,44
46	VWL AG-Zuschuss	20,00
47	VWL Anlage	40,00
48	Vorschuss	0,00
49	LSt	
50	SolZ	
51	KiSt	
52		
53	Lohnabrechnung	
54	Gesamtbrutto	
55	Steuer gesamt	
56	RV AN	
57	AV AN	
58	KV AN	
59	PV AN	
60	SV AN gesamt	
61	Nettoverdienst	
62	So. Abzüge (VL, Vorschuss)	
63	Auszahlung	

30 Durchführung der Lohn- und Gehaltsabrechnung und -buchung für die beiden Mitarbeiter Nissar und Obermann in der integrierten Unternehmenssoftware.

1. **Mitarbeiterstammdaten erfassen bzw. ergänzen**

   Die Mitarbeiter *Nissar* und *Obermann* wurden zum 01.01. eingestellt. Ihre Mitarbeiterdaten sind mit Ausnahme der Steuerklasse und der Kinderzahl (Kinderfreibeträge) sowie der Konfession schon erfasst.

   Ergänzen Sie in den Mitarbeiterkarten im Register *Steuer* die entsprechenden Steuerdaten anhand der vorigen Auszüge aus der Lohnsteuerkarte. Die berufstätige Frau des Herrn *Obermann* hat römisch-katholische Konfession.

2. **Verdienstdaten erfassen bzw. aktualisieren**

   Die Verdienstdaten der beiden Mitarbeiter *Nissar* und *Obermann* sind in den Mitarbeiterkarten noch nicht erfasst. Erfassen Sie in den Mitarbeiterkarten die Verdienstdaten!

3. **Abrechnung und Buchung durchführen**

   Führen Sie über das „Lohnabrechnungsbuchungsblatt“ unter dem Buchungsdatum des 25.01. die Abrechnung des Monats Januar zunächst nur für den Gehaltsempfänger *Matthias Obermann* (Mitarbeiternr. 63007) durch!

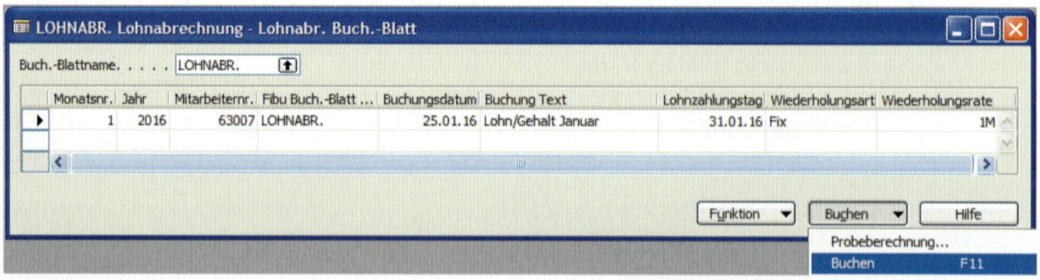

Bearbeitungshinweis:

Lässt man das Feld *Mitarbeiternr.* leer, so wird die Abrechnung für alle Mitarbeiter durchgeführt. Mit der Eingabe einer Mitarbeiternummer ist eine gezielte Einzelabrechnung eines Mitarbeiters möglich. Über die Schaltfläche *Buchen / Buchen* und einem *Ja* in der anschließenden Abfrage wird die Abrechnung und Buchung durchgeführt.

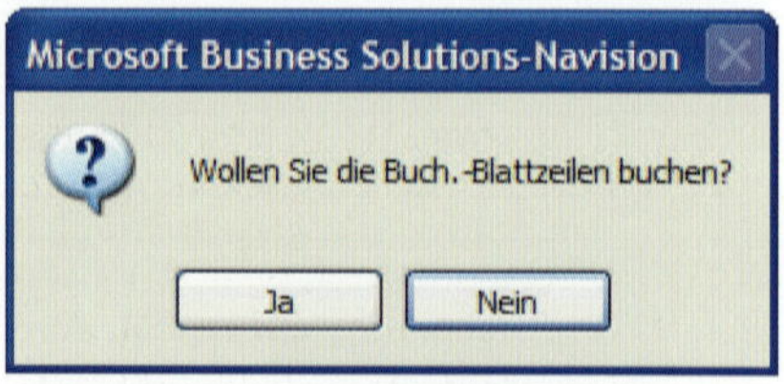

Anschließend befindet sich die Buchung im Modul *Finanzbuchhaltung / Fibu Buch.-Blätter.*

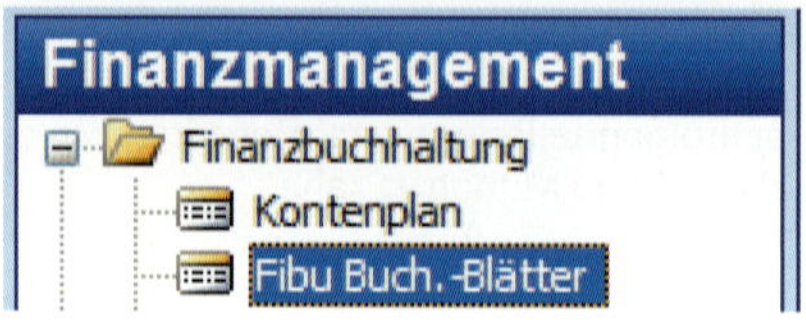

LOHNABR. Lohnabrechnung - Fibu Buch.-Blatt

Buch.-Blattname. . . . . LOHNABR.

Buchungsdatum	Belegart	Belegnr.	Externe Belegnr.	Kontoart	Kontonr.	Gegenkontoart	Gegenkontonr.	Ausgleich-Belegnr.	Betrag	Beschreibung
25.01.16		63751		Sachkonto	6300	Sachkonto			2.345,95	Lohn/Gehalt Januar
25.01.16		63751		Sachkonto	4860	Sachkonto			-40,00	Lohn/Gehalt Januar
25.01.16		63751		Sachkonto	4830	Sachkonto			-76,31	Lohn/Gehalt Januar
25.01.16		63751		Sachkonto	4840	Sachkonto			-1.012,50	Lohn/Gehalt Januar
25.01.16		63751		Sachkonto	6400	Sachkonto			529,83	Lohn/Gehalt Januar
25.01.16		63751		Sachkonto	4850	Sachkonto			-1.746,97	Lohn/Gehalt Januar

(1) Vergleichen Sie den vom System erstellten Buchungssatz mit Ihrem manuell erstellten Buchungssatz!

(2) Begründen Sie, warum der Buchungsbetrag auf Konto 4840 ungefähr doppelt so hoch ist wie auf Konto 6400!

(3) Begründen Sie, warum der Buchungsbetrag auf Konto 4840 nicht exakt doppelt so hoch ist wie auf Konto 6400!

(4) Stellen Sie über die Schaltflächen *Buchen / Buchen* den Buchungssatz in das System ein!

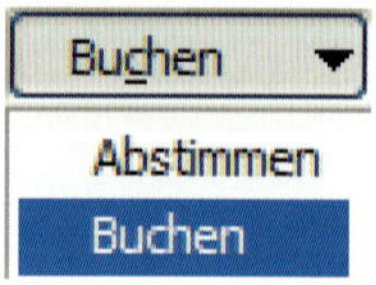

(5) Führen Sie nun analog die Abrechnung des Monats Januar für den Lohnempfänger *Udo Nissar* (Mitarbeiternr. 62009) durch!

(6) Führen Sie über das „Beitragsnachweisabrechnungsbuchungsblatt" die Abrechnung der Sozialversicherungsbeiträge des Monats Januar für beide Mitarbeiter (Udo Nissar und Matthias Obermann) durch!

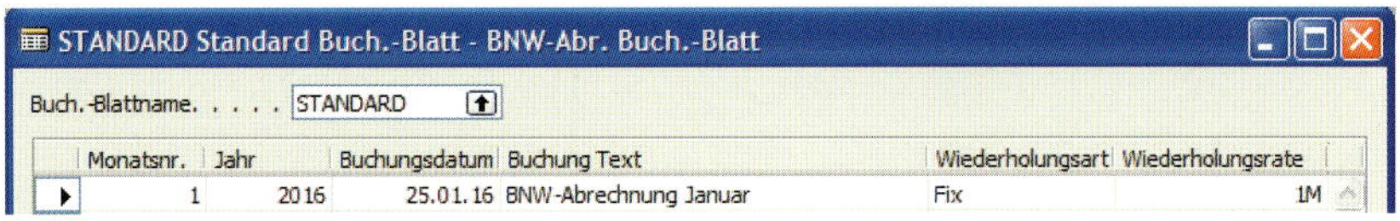

Bearbeitungshinweis:

Der Gesamtsozialversicherungsbeitrag ist spätestens am drittletzten Bankarbeitstag des Abrechnungsmonats fällig. Da der Beitragsnachweis somit bereits vor Monatsende erstellt werden muss, also eventuell noch vor erfolgter Lohnabrechnung, wird der Beitragsnachweis im Programm in einem von der Lohnabrechnung getrennten Abrechnungslauf erstellt. Somit kann die Beitragsnachweisabrechnung vor oder nach der Lohnabrechnung durchgeführt werden.

4. **Belege der Lohn- und Gehaltsabrechnung**

Sowohl für interne als auch für externe Zwecke erstellt das System aus den Abrechnungszahlen folgende Belege. Drucken Sie nachfolgende Belege aus! Beachten Sie beim Belegausdruck jeweils im Register *Optionen* die richtige Monatsangabe!

- **Lohn- und Gehaltsabrechnung für die Mitarbeiter**

  Aus der Verdienstabrechnung können sie die Zusammensetzung der Abrechnungspositionen ersehen.

  Vergleichen Sie die Verdienstabrechnungen der beiden Mitarbeiter mit Ihrer manuellen Abrechnung!

- **Lohnsteueranmeldung für das Finanzamt**

  Dem Finanzamt gegenüber muss bis zum 10. des Folgemonats eine Anmeldung der einbehaltenen und abzuführenden Steuerbeträge vorgenommen werden.

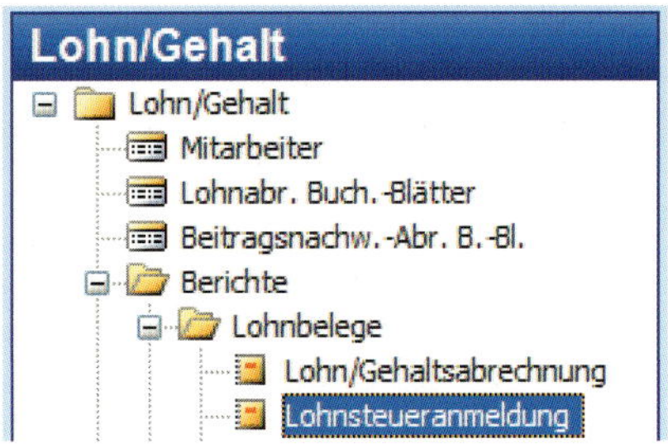

Beitragsnachweis für die Krankenkasse

Der Krankenkasse gegenüber muss ein Nachweis über die gesamten abzuführenden Sozialversicherungsbeiträge der Versicherten gemeldet werden. Die Beiträge zur Renten- und Arbeitslosenversicherung werden von der Krankenkasse an die Versicherungsträger weitergeleitet werden.

Der Beitragsnachweis muss über den *Beitragsnachweis-Ablauf* in mehreren Ablaufschritten erstellt werden.

Nachfolgend werden zur Information die einzelnen Ablaufschritte des *Beitragsnachweis-Ablaufes* am Beispiel des Abrechnungsmonates Januar dargestellt.

Schritt 1:

Die Zeile *Fehlerliste* wird markiert.

Über die Schaltfläche *Starten* erscheint die Meldung, dass keine Fehler oder Hinweise vorhanden sind, sofern Einrichtungsdaten korrekt und vollständig hinterlegt wurden.

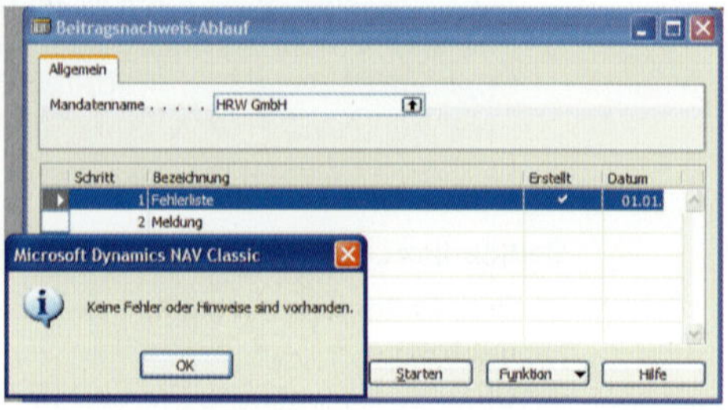

Schritt 2:

Die Zeile *Meldung* wird markiert.

Über die Schaltfläche *Starten* erscheint die Meldung, ob man sicher ist, dass man diese durchführen will. Dies bestätigt man mit *Ja.*

Im Weiteren erscheint noch die Meldung, dass der Beitragsnachweis gebucht wurde, was mit OK bestätigt wird.

Schritt 3:

Die Zeile *Datei erstellen* wird markiert.

Über die Schaltfläche *Starten* erscheint die Meldung, ob man sicher ist, dass man dies durchführen will. Dies bestätigt man mit *Ja.*

Im Weiteren erscheint noch die Meldung, dass die Datei erstellt wurde, was mit OK bestätigt wird.

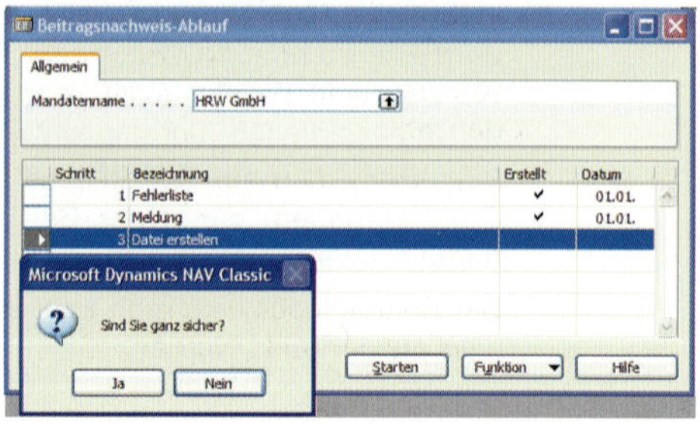

Beachte: Bei diesem Arbeitsschritt wird vom System eine Datei erzeugt und abgespeichert. Damit das System weiß, wo der Speicherort dieser Datei sein soll, muss man für den Speicherort eine entsprechende Pfadeingabe hinterlegen. Gehen Sie hierzu über Menü *Extras* in den *Object Designer* und dort auf die Schaltfläche *Table.* Markieren Sie die Tabelle mit der *ID 5001008 SV Datenannahmestellen* und öffnen Sie diese über die Schaltfläche *Run.*

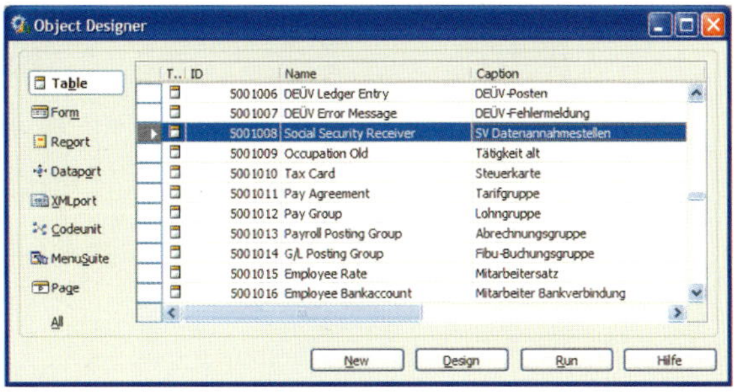

Geben Sie in der geöffneten Tabelle in der Spalte „Pfad“ an Stelle des beispielhaft hinterlegten Pfades den Speicherort an, wo die Datei gespeichert werden soll. Wichtig ist, dass Sie am angegebenen Speicherort Schreibrechte haben.

Schritt 4:

Die Zeile *Datei-Protokoll* wird markiert.

Über die Schaltfläche *Starten* öffnet sich das Fenster, in dem gegebenenfalls der Monat und das Jahr für die Erstellung anzugeben sind.

Für dieses Protokoll genügt die *Seitenansicht.*

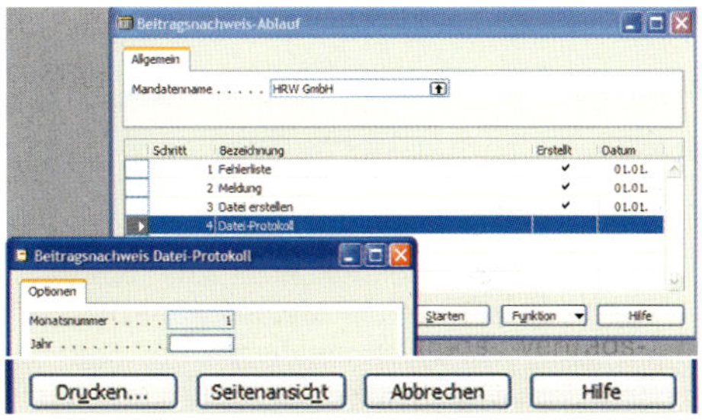

Schritt 5:

Die Zeile *Bescheinigung* wird markiert.

Über die Schaltfläche *Starten* erscheint die Meldung im Register *Optionen*, für welchen Monat und welches Jahr diese erstellt werden soll.

Hier sollte man auf Schaltfläche *Drucken* gehen, damit der Beitragsnachweis ausgedruckt wird.

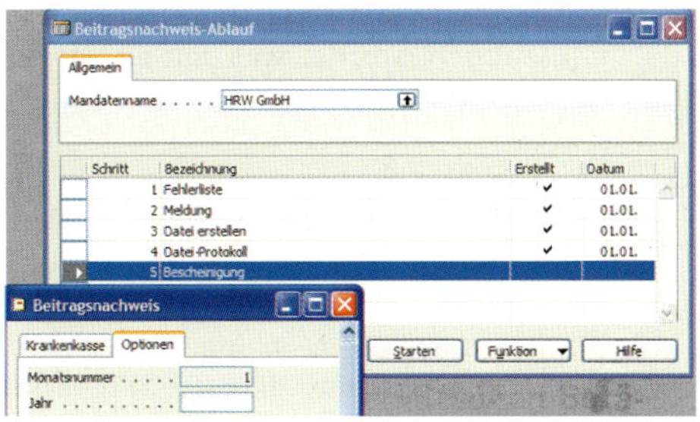

Der Beitragsnachweis kann aber auch noch später über den Menüpunkt *Beitragsnachweis* ausgedruckt werden.

Schritt 6:

Die Zeile *Abschluss* wird markiert.

Über die Schaltfläche *Starten* erscheint die Meldung, ob man sicher ist, dass man den Abschluss durchführen will. Dies bestätigt man mit *Ja.*

Die im Weiteren noch erscheinende Meldung wird mit OK bestätigt.

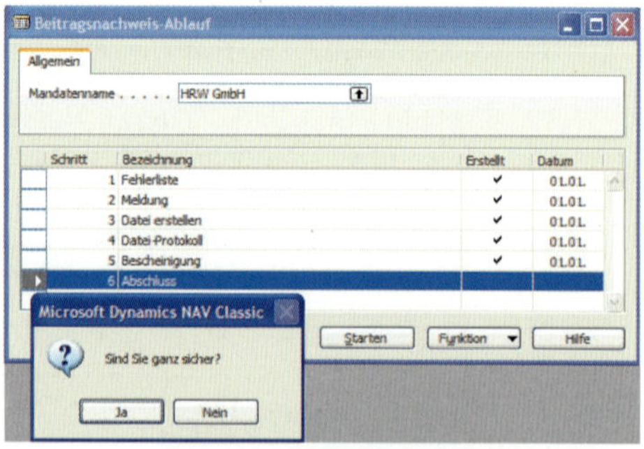

- **Mitarbeiterüberweisungssammelliste für die Überweisung der Auszahlungsbeträge an die Mitarbeiter**

  Die Liste führt die Auszahlungsbeträge an die Mitarbeiter auf, die durch eine Sammelüberweisung an die Mitarbeiter überwiesen werden.

5. **Buchen der Zahlungsabwicklung in der Finanzbuchhaltung**

   Buchen Sie die Zahlungsvorgänge im Zusammenhang mit der Lohn- und Gehaltsabrechnung anhand des nachfolgenden Kontoauszuges im Modul *Finanzbuchhaltung* im Fibu-Buchungsblatt!

SPARKASSE ZOLLERNALB **Auszug 7** IBAN DE47 6535 1260 0024 9991 11

Tag	Text	Wert	zu Lasten	zu Gunsten
	Alter Kontostand vom 26.01.		EUR	118.774,85+
27.01	SOZ.-VERS.-BEITRAGE JAN	27.01	2.020,73	
31.01	MITARBEITER - LOHNE/GEHALTER JAN	31.01	3.250,78	
31.01	VERMOGENSWIRKSAME ANLAGE JAN	31.01	80,00	
10.02	FINANZAMT - LST/KST/SOLZ JAN	10.02	387,86	
	Neuer Kontostand vom 11.02.			113.035,48+
++++	**NEUER ZINSSATZ SEIT 15.01. 10,75%**			

31 Durchführung der Lohn- und Gehaltsabrechnung für die gesamte Belegschaft mit der integrierten Unternehmenssoftware

Für die Belegschaft der HWR GmbH (siehe folgende Übersicht) ist für den Monat Januar die Lohn- und Gehaltsabrechnung in den nachfolgenden Schritten durchzuführen:

Mitarbeiterübersicht

Lohnempfänger

Nr.	Vollständiger Name
62001	Armin Benz
62002	Thomas Willmer
62003	Bruno Mende
62004	Friedrich Bregenzer
62005	Walter Stoll
62006	Roland Stiegler
62007	Harry Hoffmann
62008	Günter Lanz
62009	Udo Nissar

Gehaltsempfänger

Nr.	Vollständiger Name
63001	Alexander Hufnagel
63002	Kerstin Milnek
63003	Inge Rebstock
63004	Herbert Hauser
63005	Eduard Stricker
63006	Rosalinde Neuenstein
63007	Matthias Obermann

1. **Mitarbeiterstammdaten erfassen bzw. ändern**

   Die Mitarbeiterin *Inge Rebstock* hat Anfang Januar geheiratet. Ihr Mann hat römisch-katholische Konfession. Sie und ihr berufstätiger Mann haben nur einen ganz geringen Verdienstunterschied.

   Beim Mitarbeiter *Harry Hoffmann* wurde im Januar das vierte Kind geboren.

   Der Mitarbeiter *Bruno Mende* hat zum Ende des Monats Januar gekündigt.

   (1) Welche Steuerabzugsmerkmale werden sich bei den Beschäftigten *Rebstock* und *Hoffmann* gegenüber den bisherigen Merkmalen verändern?

   (2) Nehmen Sie die entsprechenden Stammdatenänderungen in den Mitarbeiterkarten der betreffenden Beschäftigten vor!

2. **Verdienstdaten erfassen bzw. aktualisieren**

   Der Mitarbeiter *Roland Stiegler* erhielt am 20.01. einen Lohnvorschuss in bar laut nachfolgendem Kassenbeleg. Der Lohnvorschuss ist als Kassenentnahme noch nicht gebucht.

   KASSENENTNAHME Beleg-Nr. 2820120

Datum	Verwendungszweck	EUR
20.01.	Barauszahlung Lohnvorschuss Roland Stiegler	400,00

   Betrag erhalten: Roland Stiegler (Unterschrift)

   Ausgezahlt von: Milnek (Unterschrift)

   (1) Buchen Sie den Lohnvorschuss in der Finanzbuchhaltung im Fibu-Buchungsblatt!

   (2) Erfassen Sie den Vorschuss in der Mitarbeiterkarte bei den Verdienstdaten als Abzugsbetrag (negatives Vorzeichen), damit er bei der Lohnabrechnung wieder abgezogen bzw. verrechnet wird!

9 Hahn ISBN 978-3-8120-0581-4

(3) Die Angestellte *Rosalinde Neuenstein* erhält ab Januar eine Gehaltserhöhung um 75,00 €. Bei den übrigen Gehaltsempfängern ergaben sich keine Änderungen zum Vormonat. Erfassen Sie die Gehaltsänderung!

(4) Die abzurechnenden Stunden der Lohnempfänger für den Monat Januar ergeben sich aus nachfolgendem Tabellenausschnitt:

Personal-Nr.	62001	62002	62003	62004	62005	62006	62007	62008	62009
Name	Benz	Willmer	Mende	Bregenzer	Stoll	Stiegler	Hoffmann	Lanz	Nissar
Arbeitsstunden	120,00	60,00	120,00	120,00	105,00	120,00	105,00	105,00	142,50
Krankheitsstunden	0,00	60,00	0,00	0,00	15,00	0,00	15,00	15,00	0,00
Feiertagsstunden	7,50	7,50	7,50	7,50	7,50	7,50	7,50	7,50	7,50
Urlaubsstunden	22,50	22,50	22,50	22,50	22,50	22,50	22,50	22,50	0,00

Erfassen Sie die Abrechnungsstunden der Lohnempfänger!

3. **Abrechnung und Buchung durchführen**

(1) Führen Sie unter dem Buchungsdatum des 25.01. die Lohn-/Gehaltsabrechnung durch!

(2) Nach der Lohn-/Gehaltsabrechnung steht der automatisch erstellte Buchungssatz im Lohnabrechnungsbuchungsblatt der Finanzbuchhaltung.
Geben Sie an, in welchen Kontenanrufen der Gesamtbuchung die Beträge aus dem Umlageverfahren enthalten sind!

(3) Stellen Sie die Buchung der Lohn-/Gehaltsabrechnung in das System ein!

(4) Führen Sie unter dem Buchungsdatum des 25.01. die Beitragsnachweisabrechnung durch!

4. **Belege der Lohn- und Gehaltsabrechnung**

Drucken Sie nach eigener Wahl die entsprechenden Belege zur Lohn- und Gehaltsabrechnung aus!

5. **Buchen der Zahlungsabwicklung in der Finanzbuchhaltung**

Buchen Sie die Zahlungsvorgänge im Zusammenhang mit der Lohn- und Gehaltsabrechnung anhand des nachfolgenden Kontoauszuges im Modul *Finanzbuchhaltung* im Fibu-Buchungsblatt und führen Sie anschließend eine Kontoabstimmung durch!

SPARKASSE ZOLLERNALB **Auszug 7** IBAN DE47 6535 1260 0024 9991 11

Alter Kontostand vom 26.01. EUR 118.774,85+

Tag	Text	Wert	zu Lasten	zu Gunsten
27.01	SOZ.-VERS.-BEITRAGE JAN	27.01	16.738,60	
31.01	MITARBEITER - LOHNE/GEHALTER JAN	31.01	26.571,66	
31.01	VERMOGENSWIRKSAME ANLAGE JAN	31.01	640,00	
10.02	FINANZAMT - LST/KST/SOLZ JAN	10.02	3.544,25	

Neuer Kontostand vom 11.02. 71.280,34

++++ **NEUER ZINSSATZ SEIT 15.01. 10,75%**

6. Dem ausscheidenden Mitarbeiter *Bruno Mende* ist für den neuen Arbeitgeber eine Lohnsteuerbescheinigung auszuhändigen.

   Drucken Sie die Lohnsteuerbescheinigung aus!

32

1. **Exkurs:** Tabellenkalkulation (Excel) – Datei: LuG_Abrechnung.xls.
   Vervollständigen Sie die Lohn-/Gehaltsabrechnung für alle Mitarbeiter.
2. Informieren Sie sich im Internet darüber, welchem Zweck die Lohnsteuerbescheinigung dient!
3. Rufen Sie im System den Gehaltsabrechnungsbeleg des Mitarbeiters *Alexander Hufnagel* auf und weisen Sie die rechnerische Richtigkeit des Beitrages für die Kranken- und Pflegeversicherung nach!
4. Prüfen Sie im Beitragsnachweis für den Januar rechnerisch nach, ob die Umlage 1 korrekt berechnet wurde!
5. Berechnen Sie, mit welchem Erstattungsbetrag die HWR GmbH für den Januar aufgrund der Teilnahme am Umlageverfahren U1 rechnen kann!
6. Erläutern Sie den Sinn und Zweck des Umlageverfahrens (U1, U2 und Insolvenzgeldumlage)!

33 **Mitarbeiterstammdatenanlage:**

Erfassen Sie sich im System als Angestellte/r (Sachbearbeiter/in) und führen Sie anschließend in der integrierten Unternehmenssoftware die komplette Gehaltsabrechnung durch.

Daten: Mitarbeiternr. 63008, Anstellungsdatum 01.01.16; Krankenkasse: AOK, Steuerklasse: (nach eigener Vorgabe), Gehalt 2325,00 €, AG-Zuschuss zur VWL 20,00 €, vermögenswirksamer Anlagebetrag 40,00 €.

Bearbeitungshinweis zur Mitarbeiterstammdatenanlage:

(1) **Mitarbeiterkarte**

Im Folgenden werden beispielhaft die Registerkarten eines normal beschäftigten Mitarbeiters mit den notwendigen bzw. zweckmäßigen Daten dargestellt.

In den nicht abgebildeten Registern sind keine Eintragungen vorzunehmen.

Register **Allgemein**

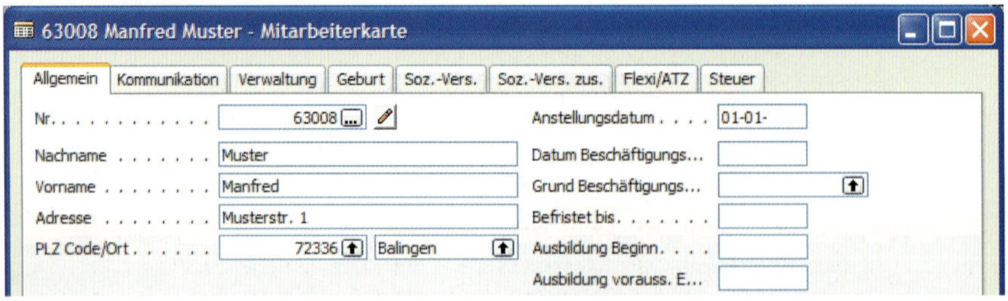

Im Feld *Anstellungsdatum* ist zu beachten, dass das Anstellungsdatum nicht früher liegen kann als der Beginn der Gehaltsabrechnung, da es sonst gehaltslose Zeiträume gäbe. Das Programm würde einen entsprechenden Fehlerhinweis anzeigen.

Register **Kommunikation** (ohne Abb.) Angabe von Telefon-Nr., E-Mail usw.

Register **Verwaltung**

Im Feld *Abrechnungsgruppencode* kann die beschäftigte Person einer bestimmten Abrechnungsgruppe zugewiesen werden (z.B. Angestellte oder Arbeiter), sodass eine getrennte Abrechnung der beiden Gruppen z.B. zu verschiedenen Zeitpunkten möglich ist.

Das Feld *Fibu-Buchungsgruppe* ermöglicht es, bestimmte Verdienstbestandteile (z.B. AG-Zuschuss zur vermögenswirksamen Anlage) unterschiedlichen Buchführungskonten zuzuordnen.

Im Feld *Lohn/Gehaltsabr. Layout* wird ein bestimmtes Abrechnungsschema voreingestellt.

Register **Geburt** (ohne Abb.) Angabe von Geburtsdatum, Geburtsort, Geburtsland

Register **Soz.-Vers.**

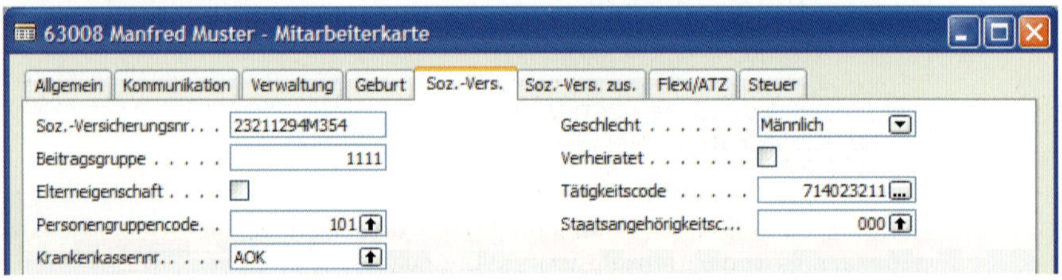

Die Sozialversicherungsnummer besteht aus 12 Zeichen, deren Struktur nachfolgend dargestellt ist.

Länge	Struktur					
	Rentennummer					
12	Bereichs-nummer	Geburts-datum	1. Buchstabe des Geburtsnamens	Serien-nummer	PZ	
	x_1 x_2	TTMMJJ	a	y_1 y_2	p	
	Postabrechnungs- und Postrentennummer					
x_1x_2: Liste der Bereichnummern						
y_1y_2: 00 - 49 für Männer, 50 - 99 für Frauen						

Erläuterungen:

Bereichsnummer	23 Württemberg 24 Baden
Geburtsdatum	21.12.89
1. Buchstabe Geburtsname	M
Seriennummer	(00–49 Männer) (50–99 Frauen)
Prüfziffer	(testen von 0–9)

Ist die SV-Nummer des Mitarbeiters bis auf die Prüfziffer erstellt, so ist anschließend der Reihe nach durch Eingabe einer Prüfziffer von 0–9 die SV-Nummer zu testen, bis das System die SV-Nummer akzeptiert.

Die Zahlenschlüsselcodes der Beitrags- und Personengruppe sind für die Durchführung des Sozialversicherungsmeldeverfahrens in der DEÜV (**D**aten**e**rfassungs- und -**ü**bermittlungs-**V**erordnung) festgelegt.

Beitragsgruppen in den Meldungen nach der DEÜV

Die Beitragsgruppen sind so zu verschlüsseln, dass für jeden Beschäftigten in der Reihenfolge: Krankenversicherung, Rentenversicherung, Arbeitslosenversicherung und Pflegeversicherung, die jeweils zutreffende Ziffer anzugeben ist.

Krankenversicherung (KV)

0 kein Beitrag
1 allgemeiner Beitrag
2 erhöhter Beitrag
3 ermäßigter Beitrag
4 Beitrag zur landwirtschaftlichen KV
5 Arbeitgeberbeitrag zur landwirtschaftlichen KV
6 Pauschalbeitrag für geringfügig Beschäftigte

Rentenversicherung (RV)

0 kein Beitrag
1 voller Beitrag
3 halber Beitrag
5 Pauschalbeitrag für geringfügig Beschäftigte

Arbeitslosenversicherung (ALV)

0 kein Beitrag
1 voller Beitrag
2 halber Beitrag

Pflegeversicherung (PV)

0 kein Beitrag
1 voller Beitrag
2 halber Beitrag

Personengruppen in den Meldungen nach der DEÜV

101 Sozialversicherungspflichtig Beschäftigte ohne besondere Merkmale
102 Auszubildende
103 Beschäftigte in Altersteilzeit
104 Hausgewerbetreibende
105 Praktikanten
106 Werkstudenten
107 Behinderte Menschen in anerkannten Werkstätten oder gleichartigen Einrichtungen
108 Bezieher von Vorruhestandsgeld
109 Geringfügig entlohnte Beschäftigte nach § 8 Abs. 1 Nr. 1 SGB IV
110 Kurzfristig Beschäftigte nach § 8 Abs. 1 Nr. 2 SGB IV
111 Personen in Einrichtungen der Jugendhilfe, Berufsbildungswerken oder ähnlichen Einrichtungen für behinderte Menschen
112 Mitarbeitende Familienangehörige in der Landwirtschaft
113 Nebenerwerbslandwirte
114 Nebenerwerbslandwirte - saisonal beschäftigt
116 Ausgleichsgeldempfänger nach dem FELEG
118 Unständig Beschäftigte
119 Versicherungsfreie Altersvollrentner und Versorgungsbezieher wegen Alters

Die *Krankenkasse* lässt sich über die Pfeilschaltfläche neben dem Datenfeld auswählen; gegebenenfalls ist die Krankenkasse zuvor noch neu anzulegen.

In der Pflegeversicherung wird ein Kinderlosenzuschlag in Höhe von 0,25 % von den Arbeitnehmern verlangt. Dazu zählen Arbeitnehmer, die mindestens 23 Jahre alt und in der gesetzlichen Krankenversicherung versichert sind. Im Feld „Elterneigenschaft" in der Mitarbeiterkarte kann man kennzeichnen, ob dieses Merkmal zutrifft oder nicht. Der Beitrag wird dann ermittelt und auf der Beitragsabrechnung und auf dem Beitragsnachweis ausgewiesen.

Der *Tätigkeitscode* und die *Staatsangehörigkeit* kann ebenfalls über die Pfeilschaltfläche ausgewählt werden.

Register **Soz.-Vers. zusätzlich**

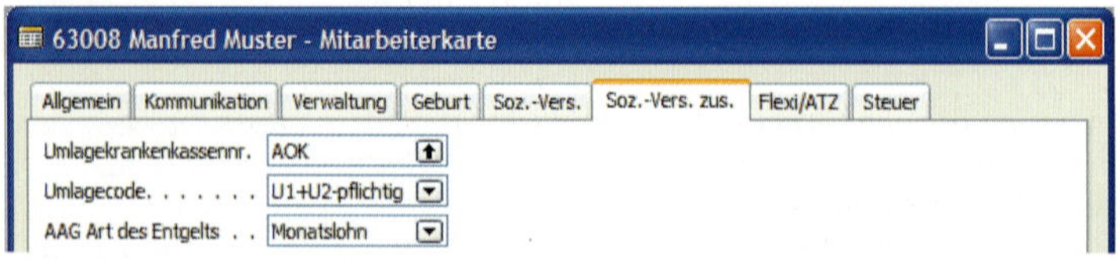

Für das Umlageverfahren sind in diesem Register der Umlagecode und die Umlagekrankenkasse zu hinterlegen. Alle Betriebe sind ausnahmslos U2-pflichtig (Mutterschaftsaufwendungen).

Ob auch die U1-Pflicht besteht, hängt davon ab, ob der Betrieb nicht mehr als 30 Beschäftigte hat.

Register **Steuer**

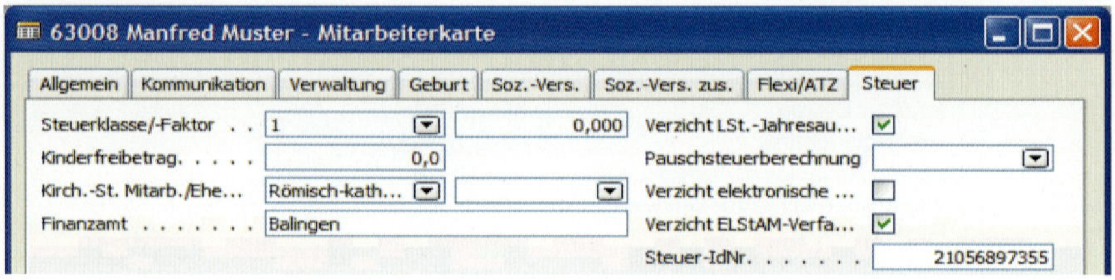

Die notwendigen Eingaben (Steuerklasse, Kirchensteuer) können über die Pfeilschaltfläche neben dem Datenfeld ausgewählt werden.

Im Feld *„Verzicht LSt.-Jahresausgleich"* und *„Verzicht ELSTAM-Verfahren"* ist ein Häkchen zu setzen, sodass die komplizierte Thematik des betriebsinternen Lohnsteuerjahresausgleiches und des Abrufs der elektronischen Steuerabzugsmerkmale deaktiviert ist.

Im unteren, tabellarischen Teil der Mitarbeiterkarte sind die Verdienstbestandteile anzugeben. Diese Daten bleiben in der Mitarbeiterkarte auch in den Folgemonaten so lange stehen, bis sie geändert werden.

Beispiel für eine(n) Angestellte(n) mit Gehalt und vermögenswirksamen Leistungen:

Lohnartennr.	Bezeichnung	Tage	Datum	Einheiten	Satz	Prozent	Betrag
1000	Gehalt	0,00		0,00	0,00	0,00	2.325,00
1600	VWL AG-Zuschuss	0,00		0,00	0,00	0,00	20,00
7000	VWL Vertrag 1	0,00		0,00	0,00	0,00	-40,00

(2) **Mitarbeiterbankkonto**

Die Bankverbindung der beschäftigten Person für die Überweisung des Gehaltsauszahlungsanspruches sowie gegebenenfalls der vermögenswirksamen Anlage ist anzugeben. Dies erfolgt in der Mitarbeiterkarte über die Schaltflächen *Mitarbeiter / Bankkonten*.

(3) **Stammdaten prüfen/Probeberechnung**

Am Ende der Stammdatenerfassung sollte in der Mitarbeiterkarte über die Schaltfläche *Funktion / Stammdaten prüfen* bzw. *Probeberechnung* eine Überprüfung der Stammdaten durchgeführt werden. Korrekte Stammdaten sind die Voraussetzung, dass im Weiteren eine erfolgreiche Probeberechnung vorgenommen werden kann.

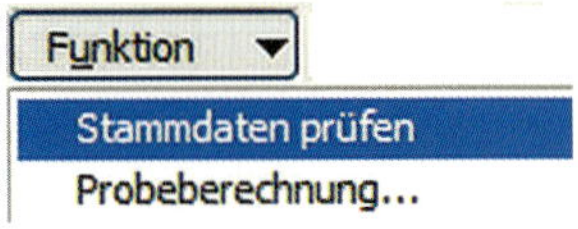

Mit der Stammdatenerfassung bzw. der Probeberechnung stellt das System fest, ob die erforderlichen Stamm- und Abrechnungsdaten vollständig und korrekt sind. Gegebenenfalls bringt das System eine Meldung, dass Unkorrektheiten vorliegen.